乡村振兴实用技术培训教材

红枣优质高效栽培和果园管理

戴志新　樊丁宇　主编

中国农业大学出版社
·北京·

内 容 简 介

本教材为服务新疆乡村振兴、开展新型职业农民培训的系列教材之一，是新疆农业职业技术学院“中国特色高水平高职学校和专业建设计划”中种子生产与经营专业群建设成果。本书以图文结合的方式，着重介绍新疆南疆地区红枣的高效栽培技术和果园管理，内容包括新疆红枣发展现状、枣的主栽品种、枣树生物学特性、建立标准化枣园、红枣嫁接苗管理、红枣肥水管理、红枣花果管理、红枣整形修剪、新疆枣树主要病虫害防治、红枣的采收和红枣管理的经验措施等。

本书密切结合生产实际，内容注重科学性、实用性、系统性和先进性，大量图片形象直观、通俗易懂，有很强的可操作性，不仅适于枣树管理人员和枣农阅读，也可以供大中专农林院校有关专业师生和农村培训班的学员学习、参考和使用。

图书在版编目(CIP)数据

红枣优质高效栽培和果园管理 / 戴志新，樊丁宇主编 . --北京：中国农业大学出版社，2023. 10

ISBN 978-7-5655-3083-8

Ⅰ. ①红…　Ⅱ. ①戴…　②樊…　Ⅲ. ①枣-果树园艺　Ⅳ. ①S665. 1

中国国家版本馆 CIP 数据核字(2023)第 192664 号

书　　名　红枣优质高效栽培和果园管理
作　　者　戴志新　樊丁宇　主编

策划编辑　康昊婷　　**责任编辑**　康昊婷　刘彦龙
封面设计　李尘工作室
出版发行　中国农业大学出版社
社　　址　北京市海淀区圆明园西路 2 号　　**邮政编码**　100193
电　　话　发行部 010-62733489，1190　　读者服务部 010-62732336
编辑部 010-62732617，2618　　出 版 部 010-62733440
网　　址　http://www.caupress.cn　　**E-mail**　cbsszs@cau.edu.cn
经　　销　新华书店
印　　刷　涿州市星河印刷有限公司
版　　次　2023 年 11 月第 1 版　　2023 年 11 月第 1 次印刷
规　　格　170 mm×240 mm　　16 开本　　6.75 印张　　109 千字
定　　价　29.00 元

编 审 人 员

主　编：戴志新（新疆农业职业技术学院）
　　　　樊丁宇（新疆农业科学院园艺作物研究所）

副主编：张　强（新疆林业科学院经济林研究所）
　　　　唐志华（新疆昆玉市农业农村局）
　　　　周　黎（新疆农业职业技术学院）
　　　　张振军（阿克苏地区林业技术推广服务中心）

参　编：唐忠建（新疆农业职业技术学院）

主　审：史　梅（新疆农业职业技术学院）

前　言

因独特的气候和光照条件优势，新疆红枣在中国具有较高的知名度，是近20年来新疆广泛种植的经济作物。新疆枣区的迅速兴起则是21世纪初我国枣产业发展中的重大事件，极大地改变了我国枣树生产格局。新疆用10年左右的时间建成500多万亩的枣树基地，达到内地传统产枣大省几十年才具有的规模，一举成为枣树种植面积最大的省份，创造了枣发展史上的新疆速度，实现了在枣树界无足轻重到举足轻重的历史性转变。新疆枣产业已成为农民增收、乡村振兴的支柱产业。

新疆红枣种植面积与产量大幅度增加，红枣品质却参差不齐，优质红枣供不应求，劣质红枣无人问津，这也引起了红枣的价格波动。为正确落实党的二十大精神，全面推进乡村振兴，充分发挥林果业在巩固拓展脱贫攻坚成果、富裕农民方面的重要作用，努力提高新疆枣农的生产技术水平，培养更多的有文化、懂技术、会经营的新型职业农民，以实现新疆红枣产业的高质量发展，我们编写了本培训教材。本书紧密结合生产实际，以阐明实用技术为主，兼顾必要的理论知识，系统地介绍了新疆南疆地区红枣种植、管理中的各个技术环节，具有较强的应用价值。

本教材的编写分工如下：第一、二章由戴志新、樊丁宇编写；第三、四、五章由戴志新编写；第六章由戴志新、唐志华编写；第七章由戴志新、周黎编写；第八章由张强编写，并提供新疆红枣发展现状资料、数据和部分图片；第九章由张振军、唐忠建编写，并提供部分生产图片资料。史梅负责教材审核，最后由戴志新统稿。

由于新疆地区红枣种植区域广，红枣产业发展迅速，产业水平逐步提高，技术不断更新优化，加之本书编写时间短，作者水平有限，不当之处在所难免，恳请广大果农、同仁和专家批评指正，以便今后修改补充，日臻完善。

编　者

2023 年 3 月 2 日

目　录

第一章

概　述

枣(*Ziziphus jujuba* Mill.)是我国重要的栽培果树和生态树种,原产于黄河中下游地区,已有 5 000 多年的栽培历史,是我国特有的经济树种之一。枣树抗旱,耐贫瘠,适应能力强,适生范围广,在我国东经 75°～125°、北纬 19°～43°,最低气温不低于－31 ℃的地方均可生长。我国除青海、西藏(林芝市可生长)、黑龙江、吉林以及新疆北部的高寒地区外,从山区到平原均有枣树生长。据《中国果树志·枣卷》记载,我国现有枣品种 700 多个,可分为鲜食品种、制干品种、兼用品种、蜜枣品种和观赏品种等。世界上 98%以上的枣树资源分布在中国,中国是世界上唯一的枣产品出口国。

枣果味美甘甜,含有丰富的营养物质和人体必需的蛋白质、氨基酸和脂肪,还含有大量的微量元素,如钙、磷、铁等,是上等的滋补果品。枣果含有丰富的对人体健康十分有利的维生素,如维生素 A、维生素 B、维生素 C、维生素 P 等。据测定,每 100 克鲜枣果肉维生素 C 含量为 500～800 毫克,为栽培果树之冠;枣还含有黄酮类物质、环磷酸腺苷、环磷酸鸟苷等;枣果实可入药,有健脾养胃、益血提神的功效,对气血不足、贫血、肺虚咳嗽、神经衰弱、失眠、高血压、败血病等有重要的医疗和保健作用,是我国传统中药的重要组成成分。

枣果可制成多种加工品,如干枣、蜜枣、枣粉、枣酒、枣醋、枣汁等。

第一节　新疆红枣发展的现状

新疆是我国红枣主产区之一，红枣产业作为新疆林果业发展的重要组成部分，是当地农业农村经济发展的支柱产业，是实现脱贫攻坚与乡村振兴的重要助推器，是促进红枣种植户增产增收与致富的现实路径。近年来，南疆四地州不断深耕林果产业，产业链不断完善，逐步形成规模优势，红枣产业已成为新疆的“红色富民产业”。

新疆南疆地区日照时间长、积温高、昼夜温差大、降水量小，独特的气候条件造就了新疆红枣果个饱满、糖高、色艳、安全的优良品质特征。新疆引进种植红枣已有 2 000 多年的历史，品种有‘新疆长圆枣’‘新疆小圆枣’‘龟兹贡枣’‘哈密大枣’等。20 世纪六七十年代，从河南、山西、河北引进了‘灰枣’‘骏枣’‘赞皇’等品种，品质明显优于原产地，效益显著，发展潜力巨大。2 000 年，我国把红枣规划为退耕还林树种，进一步加快了新疆发展红枣的步伐。经过 20 多年的发展，红枣产业已成为新疆特色林果的重要组成部分，新疆红枣已基本取代了内地的干枣生产，成为我国规模最大的优质干枣生产基地。目前，全疆有 59 个县市区广泛种植红枣。

一、新疆红枣发展的现状

1. 种植规模和发展状况

因为独特的气候条件、丰富的土地资源以及枣树对光、热、水等生态气候条件的特殊适应性，新疆逐渐发展成为全国，甚至全世界最适于种植红枣的地区之一。新疆的红枣主产区主要分布在南疆的喀什、和田、阿克苏、巴州等地，主栽品种有‘灰枣’‘骏枣’‘哈密大枣’等。截至 2020 年底，新疆红枣种植面积 44.53 万公顷[含新疆生产建设兵团（以下简称“兵团”）10.04 万公顷]，产量 262.50 万吨（含兵团 141.07 万吨）（表 1-1），均居全国首位。枣产业在促进新疆农村经济发展、巩固脱贫成果方面发挥着重要作用。

表 1-1 新疆红枣种植分布及干枣产量

地区		种植面积/万公顷	产量/万吨	合计种植面积/万公顷	合计产量/万吨
新疆维吾尔自治区	地方	34.49	121.43	44.53	262.50
	兵团	10.04	141.07		
其中:					
阿克苏地区	地方	8.81	40.49	12.82	116.27
	第一师	4.01	75.78		
喀什地区	地方	13.64	48.44	15.95	78.54
	第三师	2.31	30.10		
和田地区	地方	5.94	16.81	7.77	33.68
	第十四师	1.83	16.87		
巴音郭楞蒙古自治州	地方	4.23	13.55	5.71	28.38
	第二师	1.48	14.83		
哈密市	地方	0.73	0.80	1.10	4.10
	第十三师	0.37	3.30		
吐鲁番市	地方	0.91	1.07	0.91	1.07
其他地区	地方	0.22	0.27	0.27	0.46
	兵团	0.05	0.19		

2. 品种结构

新疆原产地红枣品种较少,除‘哈密大枣’有一定的商品性和栽培规模外,其他主栽品种均由国内传统枣区引进,以‘灰枣’‘骏枣’等制干品种为主,也有少量的其他制干和鲜食品种,如‘哈密大枣’‘赞皇’‘赞新大枣’‘七月鲜’‘冬枣’等。‘灰枣’‘骏枣’种植面积占总面积的95%以上。

3. 栽培模式

大部分老果园采用枣粮间作模式。一般株行距(1.0～2.0)米×4.0米或3.0米×(5.0～8.0)米,行间间作小麦、打瓜、茴香、花生、辣椒、白菜等低矮经济作物,可获得红枣及间作物的双重经济效益。

北疆地区无霜期短,多在160天以下,冬季寒冷,极端最低温度多在－30 ℃以下，有的地区甚至达到－40 ℃以下，露地枣树极易发生冻害，必须通过平茬和冬季埋土等保护措施才能保证其安全越冬。

2006年以来，新疆开始推广直播酸枣建园和高密度丰产栽培模式，密植园[株行距(1.0～2.0)米×(2.0～4.0)米]逐渐成为常规模式，部分地区出现了每公顷5 000株以上的超高密度枣园。两个制干品种'灰枣'和'骏枣'生长结果习性不同，种植模式完全不同。'灰枣'以中密度栽培为主，株距多为1～2米，行距多为2～4米；'骏枣'以高密度栽培为主，株距多为0.5～1米，行距多为1.5～2米。

二、新疆红枣产业高质量发展思路

近几年，新疆红枣种植面积与产量在逐年增加的同时，销售价格呈现大幅度波动趋势。2011年至今，新疆红枣种植面积大幅度增加，但红枣品质参差不齐，优质红枣供不应求，现货价格大幅度上涨，而劣质红枣无人问津，最终导致红枣供需失衡，平均价格开始下降。最近几年，新疆红枣不断加强标准化生产、品质化保障、品牌化运作，在经历产量跨越、无序竞争、价格大幅度波动后，2021年价格企稳回升，产销两旺，说明新疆红枣产业由数量型向质量型转型成效初显。

综合来看，新疆红枣在规模迅猛扩张的同时，主要存在以下问题：价格波动较大，未建立红枣价格信息平台与预警体系；红枣产业基地规模发展速度快，技术普及速度较慢；投入不足，管理措施不到位；基地建设标准化程度低，产品质量差异明显；加工现代化及精深加工发展不足，品牌意识和品牌发展不足；市场体系开拓建设薄弱。

针对这些问题，红枣的产量效益、质量安全、品牌建设、销售平台建设等是促进红枣产业进一步发展的重点工作，尤其要做好以下几个方面的工作：①加强果农科技培训，大力培养技术人才；建立信息化管理数据库平台，开展现场培训指导和远程诊断服务。②加大良种引进、繁育、优选工作，保障可持续发展。③继续推进绿色红枣标准化生产技术，完善检测检验体系，加强质量安全认证、溯源系统建设，参与国际竞争。④推进红枣精深加工，提升产品附加值；引入外地精深加工企业，加大政府投资与民间资本扶持本地加工企业力度；采用智能光学色选机设备，提高工厂自动化程度，加速红枣加工产品标准化生产，实现红枣标准一致性和连贯性。⑤借助大型红枣交易市场和红枣期货市场，加强产业链信息引导，通过期货市场公开、透明、权威的市场价格，为红枣生产者做出种植与销售决策提供信息参考。⑥培育红枣品牌，扩大宣传与影响力；加大资金投入，建立区域公用品牌，并对公用品牌所有者的红枣质量进行严格要求，对红枣区域公用品牌所有者之间从品质要求、种植模式、销售渠道、品牌等方面，进行统一管理，加强合作。

第二节 红枣主栽品种

适于新疆栽培的主要优良品种如下。

(1)‘灰枣’ 原产河南新郑、中牟、西华等地，在新疆引种 40 余年，适生性极强，是新疆种植面积最大的主栽品种。9 月中下旬成熟，果实长，呈倒卵形，平均果重 12.3 克(注：鲜重，以下同)，果皮薄、深红色，肉质致密、较脆、汁多，可食率 97.3%，制干率 50%以上。树体中大，树姿开张。丰产、稳产。干枣品质上等、耐贮运。

(2)‘骏枣’ 原产山西交城。9 月中下旬成熟。果实长倒卵形至圆柱形，平均果重 22.9 克，果皮薄、深红色，果肉略松脆、汁多，稍具苦味，可食率 96.3%。树体较高大，树姿半开张，发枝力中强。丰产性较强，适于制干。成熟期遇雨易裂果。

(3)‘冬枣’ 优质晚熟鲜食品种。近圆形，平均单果重 14.7 克，最大单果重 52 克，果形美观，果面光滑细腻，色泽赭红。果皮薄，肉较厚，绿白色，果肉细嫩酥脆，多汁，甜味极浓，略带酸味。‘冬枣’果实生育期较长，一般为 115 天左右。在南疆地区 9 月下旬至 10 月上旬成熟。树体中大，树冠开张，发枝力中等，枝叶较密。发育枝紫褐色，较光滑，针刺退化。坐果率一般，花期喷施叶面肥和环割可促其高产。

(4)‘哈密大枣’ 原产新疆哈密五堡乡，已有 2 000 年的栽培历史。该品种具有抗旱、抗寒、耐瘠薄、抗风沙、耐高温、便于管理等特点。单果鲜重 17 克，最大单果重 35 克。品质极上，耐贮运，早期丰产性强，其果实自然风干后果形基本保持原状，为优良的制干品种。根据果实性状又可分出 5 个类型：特大枣、大长圆枣、长圆枣、扁圆枣、圆柱枣。

(5)‘壶瓶枣’ 原产山西太谷县等地，1986 年前后引入新疆生产建设兵团农一师、农十四师、皮山农场、四十七团等地种植，表现尚好。‘壶瓶枣’树冠多呈圆头形，树姿半开张，干性较强，枣头枝褐红色，枣股肥大。果实大，长卵形或圆柱形，鲜枣单果重 25～30 克，果面较光滑，果皮较薄，深红色，果肉厚，味甜。干枣含糖量 71.4%，制干率 57.5%，品质上等，是优良的制干品种。

(6)‘金丝 4 号’ 平均果重 10 克，是金丝小枣品种群中果个最大的。果皮薄、棕红色，果肉细胞致密，鲜枣含糖 45%，可食率 97.3%，品质极上。9 月底 10 月初完熟。树势较强，幼树针刺发达，坐果稳定，高产稳产。

(7)‘赞新大枣’ 由‘赞皇大枣’变异选育成的一个优良株系，1985 年命名。丰产性能好，耐寒、耐旱、耐盐碱、喜肥水。单果平均重 24.4 克，最大单果重 30.1 克，大小不整齐。可食率为 96.8%，制干率为 48.8%，品质上等，是具有发展潜力的制干品种。

(8)‘圆脆枣’ 新疆生产建设兵团农一师园林实验站从引进的‘壶瓶枣’‘骏枣’中选出的一个优良单株，1977 年定名为‘阿拉尔圆脆枣’。丰产性能好，抗逆性、适应性强，平均单果重 14.4 克，果皮较薄，深红色，果肉黄白色，质地紧密细脆，汁液较多，味甜，可食率为 96.7%，是上等的鲜食品种。

(9)‘七月鲜枣’ 果实卵圆形，果面平整，果肩棱起，平均果重 29.8 克，最大果重 74.1 克。果个均匀，果皮薄，深红色，表面蜡质较少，可溶性固形物含量 28.9%，可食率 97.8%，味甜，肉质细，极适合鲜食。

第三节 枣树的生物学特性

一、形态特性

1. 根

枣树生根能力强，根系发达，水平延伸大于垂直生长，是重要的代谢和繁殖器官。其水平根系可达枝展的2～6倍,垂直根可深达数米,主根层分布深度多为5～30厘米,40厘米以下细根少,但根的伸长力强。

生产实践中的应用措施:根据根系分布特点,红枣的土壤施肥可参照地上部生长情况进行,在树冠半径1～1.5倍处挖施肥沟(或穴)最佳,施肥深度40厘米左右为宜。因氮肥易随土壤重力水流失,故不可施得过深;磷、钾肥移动性差,应施得稍深些。

2. 枝

枣树的枝与其他果树不同,主要表现在结果枝当年脱落,而结果母枝生长量很小。枣树枝条根据其形态和作用主要分为以下几种类型。

(1)枣头　即生长枝、营养枝,是构成枣树骨架和结果枝系中轴的基础,在枝条中处于领导地位,故称"枣头"(图1-1),是扩大树冠和形成主枝最重要的枝条。

枣头主要由主芽萌发而成,有的枣头由主、侧枝基部的隐芽或不定芽萌发而成,具有旺盛的生长能力,单轴延伸,加粗生长很快。

枣头因着生位置不同而有不同的发育前景:若位置适宜,又有一定的发展空间,可以做骨干枝和结果枝利用;位置不当,发育不良,无空间,应在夏季修剪时及早剪除,以减少营养消耗。随着枣头的生长,其上副芽自下而上逐渐萌发,形成二次枝,在夏季修剪时,通过摘心可当年开花结果。

(2)枣股　枣股(图1-2)是由枣头一次枝和永久性二次枝叶腋间的主芽萌发而成的短缩枝。枣股是枣树上最基本的结果部位,是枣树上特有的一种短缩型结果母枝。

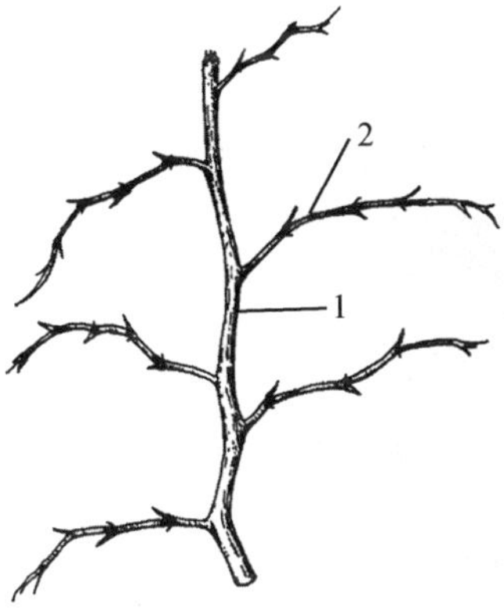

图1-1　枣头

1. 枣头主轴(一次枝)　2. 二次枝

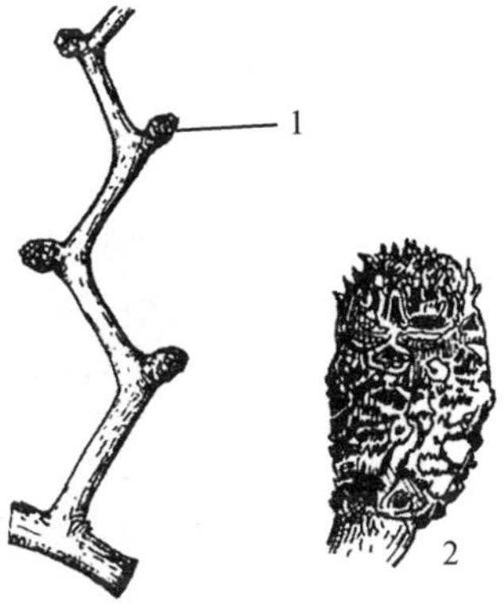

图1-2　枣股

1. 二次枝上的枣股　2. 芽苞萌发时的枣股放大图

枣股每年生长量仅1～2毫米，每年发芽抽生若干结果枝(枣吊)，并开花结果。在正常情况下，枣股顶生的主芽多潜伏不发，而其上的副芽每年抽生2～7个脱落性果枝(枣吊)。

枣股的结果能力因枝龄、着生部位和方向而有不同。枣股一般寿命为10年左右，3～8年生的结果最好；二次枝上的枣股结果能力比一次枝上的枣股结果能力强，尤其枣头中部二次枝上的枣股萌芽开花早，结果能力强，所结的果实大，品质好；树冠外围的枣股结果能力比内膛强。

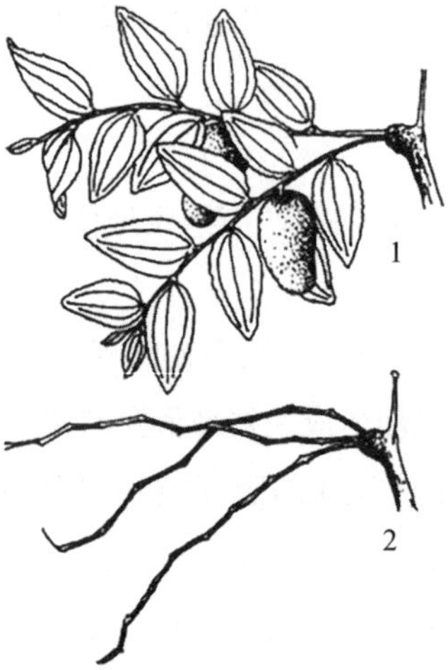

图1-3　脱落性枣吊

1.生长季结果的枣吊

2.落叶后未脱落的枣吊

(3)枣吊　枣吊也叫结果枝，因为年年要脱落，又称为脱落性果枝(图1-3)。枣吊主要由枣股上的副芽萌发而成，少数是由枣头基部或二次枝的叶腋副芽萌发抽生的。前者花期早，坐果率高，果个大；后者花期晚，果实成熟晚，品质差。枣吊春季抽生，夏季开花结果，秋季落叶后不久便自行脱落，但也有营养条件好的枣吊因木质化程度高而变成不脱落性果枝(图1-4)。

生产实践中的应用措施：枣树通过矮化密植、强化管理和“三摘心”等措施后会出现木质化枣吊。木质化枣吊基部粗壮，叶片大而浓绿，生长势强，坐果率高，结实性强，冬季不脱落，具有很强的开花结果能力。木质化枣吊一般长30～60厘米，单枝坐果5～10个，最高可达30个。矮化密植枣树可以培养木质化枣吊，使其成为一种主要结果枝。

图1-4　木质化枣吊结果状

3. 芽

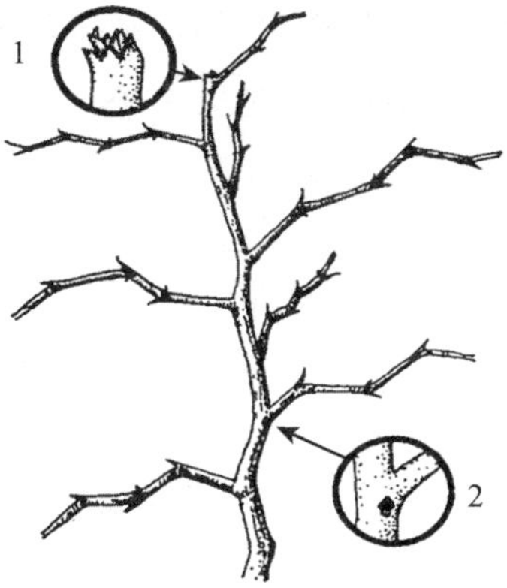

图 1-5 枣头上的主芽

1. 枣头顶生主芽 2. 枣头枝腋间主芽

枣树的芽主要有主芽(也叫冬芽、正芽)、副芽(夏芽)两种,二者着生在一个节上,形成一个复芽;其他还有隐芽、不定芽。

(1)主芽 主芽外被褐色鳞片,当年多不萌发,位于叶腋中间及枣股或枣头的顶端(图1-5)。主芽为晚熟性芽,到翌年春天多萌发为结果母枝(枣股),也有少量萌发为发育枝(枣头)。

(2)副芽 副芽为裸芽,位于主芽的侧上方,为早熟性芽,当年即可萌发。着生在枣头中上部的副芽,萌发形成枣头二次枝;着生在枣头基部的副芽及枣股上的副芽,萌发形成枣吊而开花结果。此外,枣吊叶腋间的副芽形成花。

4. 枣树的花芽分化与开花结果

由叶芽状态转化为花芽状态的过程称为花芽分化。花芽分化是枣树特别重要的物候期。枣树通过一定的营养期后,开始分化花芽并进行一系列的生殖生长、开花结果而形成产量。枣树花芽的分化与形成的质量、树冠花芽与叶芽的比例是树体营养状况、环境条件和栽培管理技术的综合反映,是决定枣树高产、稳产优质的关键。因此,掌握枣树花芽分化的营养规律非常重要。

枣树花芽分化的特点:①当年分化,当年开花;一年多次分化;单花分化速度快,全树花芽分化持续时间长。②一个单花需 8 天左右,一个花序需 8～20 天,一个枣吊需约 30 天,全树花芽分化持续 100 天左右。

无论是幼年树还是成年树,花芽的形成,必须有良好的营养生长和足够的营养物质积累作为基础。因此,凡是成花结果的树,必须有较大的叶面积,只有光合产物充足,树势生长缓和,枝梢能及时停长,才能进行花芽分化。矿质营养是影响花芽形成的重要物质之一。除氮、磷、钾以外,微量元素硼、锰、锌和钼等与花芽分化和花器的形成均有关系。因此,在花芽分化期喷施上述元素,均有明显的促花效果。

生产实践证明,只有加强枣树的土、肥、水管理,促使其正常的营养生长,加快叶幕的形成,提高光合效能,积累更多的营养物质,才能打好成花结果的物质基础。枣树在幼树期，前期应重施氮肥，促进幼树生长健旺，使树冠叶幕快速扩大形成，进而适时浇水，施用氮肥，增施磷、钾肥，加大枝梢角度，充实新梢，改善树体营养状况，才能达到年年成花、高产稳产的目的。

二、枣树物候期

1. 萌芽期

萌芽期从芽苞开始膨大至花蕾伸出或幼叶展开时为止。此期标志着枣树休眠期结束和生长的开始。

枣树萌芽早晚与温度、水分和树体的营养密切相关。在春季旬平均气温达11～14 ℃时(阿克苏地区在4月中下旬)，枣树开始萌芽，同时嫩叶很快抽出，叶片展开。当气温达到20 ℃时，叶片达到生长高峰。树势强健、养分充足的成年树萌芽较弱树和幼树早；树冠外围和顶部生长健壮的枝较内膛和下部枝萌芽早。在同一株树上，枣股萌芽最早，枣头顶芽次之，侧芽萌发较晚，相差3～5天。

2. 枣头、枣吊生长发育期

枣树的枣头发芽生长、枣股萌发枣吊、枣吊缓慢生长至枣吊基本停止生长阶段为枣头、枣吊生长发育期。该时期主要依靠储备营养进行枣头与枣吊的生长发育。

枣树枣头生长受多种因素影响，其中树体储备营养是枣头生长的物质基础。树体储备营养充足，枣头枣吊生长速度快，枣头生长量大，长势强，生长时间长，较粗长，叶片肥厚浓绿，进入花芽分化的时间早。反之，枣头生长量少，生长势弱，早停长，且细短。

枣头的生长发育是枣树营养生长的重要时期，只有枣头的生长旺盛，才能增加枝叶量，才有树冠的迅速扩大及叶面积和结果量的增加。因此，枣头的发生和长势与树体结构、产量高低、寿命长短密切相关。

3. 开花期

开花期是从树体有极少量的花开放到所开的花全部凋谢为止。开花过程中其受粉受精良好与否，与产量关系极大。

枣树花芽当年分化，当年开花结果。一般在展叶期花芽已开始分化，经4～

5天即现蕾。新疆阿克苏地区一般初花期始于5月下旬，盛花期在6月中旬，此期受粉受精正常的花即可坐果，终花期在7月下旬，开花期长达60多天。

新疆南疆地区5—6月气温回升快，空气干燥，易产生焦花现象。花期喷水喷肥，尤其是蕾期和初花期喷0.1%～0.5%的硼肥，有利于提高枣花的受粉坐果率。氮素含量高低也影响坐果率，因此在枣树开花前追施氮肥，花期喷施尿素均可弥补氮素不足从而提高坐果率。同时，及早进行枣头一次枝、二次枝和枣吊摘心，利于节约养分，可提高坐果率。

4. 果实成熟发育期

果实成熟发育期是从受粉受精后，子房开始膨大到果实完全成熟为止。

开花期中经受粉受精的花子房开始膨大后逐步发育成幼果，生产上称为坐果。枣树坐果后，对树冠立即喷施“叶面肥＋钙肥”，能加速细胞分裂，促进幼果膨大，有利于大果形成。

枣果实生长发育经过3个阶段。第一个阶段是迅速生长期，历时7～8周，如新疆阿克苏地区在6月下旬(旬平均气温24.4 ℃)到8月上旬。此期是果实细胞分裂生长的关键时期，需要消耗较多的营养物质。果实重量的增加主要在此期。树体结构合理，通风透光条件良好，叶果比适当，有利于果实的生长发育。第二个阶段是缓慢增长期，历时4～7周，阿克苏地区在8月中旬至9月上旬。此期枣果核完全硬化。第三个阶段是熟前增长期，历时3周左右，阿克苏地区在9月上旬至9月末，主要进行营养物质的积累和转化，果皮退绿变淡，开始着色转红，糖分增加，风味增进，直至完全成熟。

果实发育与栽培管理关系密切，坐果数、果实大小与产量和品质直接相关。为了提高产量和品质，应在头一年秋季注意增施氮、磷、钾和中微量元素肥料，提高植株光合效率；春夏季通过适当修剪，防治病虫，保护叶片；增强光照，增加树体储备营养积累，促进花芽分化，形成充实的芽苞，以利于坐果，从而增加产量，提高品质。

在果实发育过程中，随着幼果的加速生长，需要更多的碳水化合物和氮素等肥料元素物质，这些物质主要由当年叶片光合产物及再合成营养物质供给。枝叶过多或过少，生长过弱或过旺，均会影响果实营养和水分的平衡，导致落花落果严重或果实畸形。因此，此期一定要合理施肥灌水。对坐果较少，枝叶茂密，有徒长趋势的枣树，应适当控肥控水，摘除枣头生长点，排除竞争，以减少落果、提高坐果和预防果实品质变劣。

果实从发育到成熟阶段的肥水供应状况、各种栽培管理措施、温光等气候条件，对果实品质也有很大影响。如氮肥过多，则风味变淡，着色不良，成熟推迟，耐贮性差；增施磷钾肥、中微肥和生物菌有机肥，适当疏果，合理修剪，改善光照条件，根外喷洒天达-2116 及钾、钙、镁等叶面肥则是提高产量和品质的有效技术措施。

5. 采收期

10 月进入成熟期后，由于新疆南疆独特的自然光热条件，大部分红枣成熟后可不采摘仍挂在树上自然制干。在阿克苏地区，一般至 10 月中下旬开始陆续垂落，称为吊干枣。

6. 落叶休眠期

枣树先落叶后落枝，落枝的过程证明根系活动已终止。落枝结束，枣树开始进入休眠期。一般枣树落叶期在 10 月中旬。

为了保障枣树正常落叶，增加营养积累，生产上要注意在秋季枝梢停长或采果后及早进行松土，秋施基肥，防治病虫害，延长叶片光合寿命，提高光合效率，增加营养积累量。同时要注意防止氮肥施用过多、过迟；秋季适时控水，8 月上中旬及时停水，防止枝梢贪长、延迟落叶，促进枝条组织木质化，提高抗寒越冬能力。

三、枣树对环境条件的要求

1. 温度

温度是影响枣树生长发育的主导因素之一。枣树在生长季节需要较高的温度。在生长季节，枣树能耐 45～50 ℃的高温，而在休眠期具有较强的抗寒性，能短暂耐－30 ℃的低温。

（1）萌动　当春季日平均气温达 13～15 ℃时，芽体开始萌动。

（2）抽枝、展叶和花芽分化　日平均气温需要 17 ℃以上。

（3）现蕾　日平均气温达 19 ℃左右开始现蕾。

（4）花期　日平均气温达 20 ℃左右开始开花，22～25 ℃时进入盛花期。

（5）花粉发芽　一般花粉发芽的最适温度为日平均温度 24～26 ℃，枣花受粉受精最好。低于 20 ℃或高于 30 ℃发芽率显著降低，出现只开花不见坐果或坐果较少的现象。

(6)果实迅速生长期　日平均温度为 24～27 ℃，南疆地区一般在 6 月下旬至 8 月下旬。若温度偏低，果实生长缓慢，品质差。

(7)果实成熟期　适宜的温度为 18～22 ℃。

(8)落叶　秋季当日平均温度降至 15 ℃时开始落叶。

2. 湿度

枣树抗旱耐涝，对湿度的适应范围很广。枣花期和果实发育前期需水量较大，受粉受精需要空气相对湿度达到 60%～85%，湿度低影响花粉发芽和花粉管伸长，受粉受精不良，加重落花落果，也导致果实生长不良。因此，花期和幼果期遇旱必须采取浇水、喷水等措施。果实成熟期多雨会发生裂果烂果，降低品质和商品价值，因此成熟期枣园土壤应保持干燥。

3. 光照

枣树是典型喜光树种，对光照条件要求较高，在光照充足的条件下枣树生长健壮充实，坐果率高。如果树冠郁闭，则枣头、枣股发育不良，叶片小而薄，无效枝叶增多，坐果率下降，果实品质差。实践证明，光照强度和日照长短直接影响枣树的生长发育。

4. 土壤

枣树适应性强，对土壤要求不严，无论是河滩还是砾质土、沙质土、黏质土都适于枣树栽培。但一般生长在沙壤土上的枣树，由于土壤疏松、透气性好，枣树根系发达，植株生长健壮。枣树耐盐碱，在 pH 为 5.5～8.5 的土壤中均能生长，但在肥沃深厚的微碱性或中性壤土中生长最好，而且产量高，果实品质好，枣树寿命长。

四、枣树不同于其他果树的特性

枣树独特的特性，主要表现在以下几方面。

(1)枣树是喜光树种　枣树枝叶稀疏，成枝力弱，这与它的喜光特性是分不开的。光强的部位，枣头生长充实，节间短，枣吊发生多，结果量及单果重均高且着色好，病虫果少。

(2)枣树萌芽力强,成枝力弱　枣树萌芽力强,叶幕形成快;成枝力弱,单轴延伸能力强,树冠形成和加粗缓慢。由于以上特性,在自然生长条件下,枣树幼树期枝条稀疏,不易迅速形成树冠,这为矮化密植创造了有利条件。

(3)枣树是当年形成花芽,当年开花结果　一般果树,都是第一年形成花芽,第二年开花结果。唯有枣树是当年形成花芽,当年开花结果。当年生枣头一边生长,一边抽生枣吊,故开花相对也晚,因此花期可长达 2～3 个月。多年生枣股和当年生枣股花期相距较远,因此在多年生枣股花期遭遇自然灾害,影响产量时,可以通过栽培措施,利用一年生枣头结果,来弥补产量损失。

(4)枣树营养生长和生殖生长同时进行,养分竞争激烈,花量大,坐果率低　枣树花芽分化、开花坐果、枣头生长同时进行,这些生命活动的生长前期基本依靠贮存营养进行。另外,枣树花量非常大,一般每个叶腋有花 7～9 朵,开花会消耗大量的养分,养分的竞争非常激烈,因此,虽然花量很大,但坐果率却很低,自然条件下仅为 0.1%～1.2%。根据这个特点,必须采取栽培措施,人为调节营养生长和生殖生长的关系,在盛花期控制营养生长,使其向生殖生长转化,提高坐果率,从而提高产量。

(5)枣树喜温,萌芽展叶晚,落叶早,营养生长期短　枣树为喜温树种,在生长季需要较高的温度。当春季气温达到 13～15 ℃时(阿克苏地区约在 4 月中下旬),地上部开始萌动。秋季气温下降到 15 ℃时,开始落叶,整个生长季约 180 天。由于枣树生长期短,且枝叶稀疏,对间作作物几乎没有什么影响,因此,枣粮间作就成为广大农民喜爱的栽培方式,并取得了很好的经济效益。

第二章

建立标准化枣园

第一节　栽植建园模式

一、苗木的选择

枣树栽培的关键是选择适合本地自然条件的优良品种，引进的苗木除需符合植物检疫程序外，还必须在本地常规种植条件下进行抗盐碱、耐干旱等多项指标的试验，以选出适于本地发展的品种。

栽植苗木要求为健壮、品种纯正、无病虫害的二级以上优良苗木。

二、栽植时间

枣树栽植分秋植和春植，最适宜的栽植时间因气候条件而异。在无霜期短，秋季干旱多风、冬季寒冷的地区，一般春栽比秋栽成活率高，因为秋栽的枣苗地上部分处于干旱多风条件下，蒸发量大，地温低，根系得不到恢复，再加上冬季寒冷的气候，很容易引起枝条抽干失水而死苗；而在无霜期长，秋季多雨，春季干旱多风的地区，应提倡秋栽，因这一时期水分充足，地温高，利于伤口愈合和根系的恢复，有利于翌年苗木成活与生长。

从理论上来说，南疆地区适于春栽，而且在早期的红枣苗木栽植中都采用春栽，一般成活率可达到90%以上。但南疆地区春季缺水较严重，因此，秋栽逐渐增多，近几年枣树秋栽成活率也在90%以上。秋栽一般在10月中下旬进行。

三、栽植

南疆地区红枣初期建园一般采用密植栽培，种植模式有1.0米×1.0米、1.0米×2.0米、(1.5～2.0)米×2.0米、1.0米×1.5米、1.5米×4.0米，目的在于短期内收回前期投入。栽培密度可因树龄、经济效益的需求而发生动态变化。规模种植枣园一般不配授粉树，以便于采收时品种纯正，针对'骏枣''灰枣'等自花结实率低的品种主要采取喷洒保花坐果剂、环剥等措施来提高坐果率。

保证枣苗根系水分含量是其成活的关键，一般在定植前需灌水以确保成活率。无法立即定植的苗木需立即假植，以防根系失水或霉烂，降低成活率。

定植穴标准：深60厘米、宽50厘米，挖时注意将表土和心土分放两侧。定植穴应填施厚20厘米肥料，每穴施入农家肥25千克(施入的农家肥必须腐熟)、磷酸钙500克或三料磷150克，同表土(或熟土)混合施入(土肥搅匀)，上面再放厚10～15厘米的土；之后穴内浇透水，使土下沉，待湿度适宜时栽植。

枣苗栽植前要用剪刀或快刀将裂根、霉根和过长的根适当剪除；须根过少的，可用较锋利的刀割主根皮层，以刺激伤口萌发新根。栽植时可用生根粉浸根处理以提高成活率，1克生根粉兑水5～10千克，将根系在生根粉溶液中浸泡0.5～3.0小时，取出蘸泥浆栽植，有利于伤根愈合，提早发芽，提高成活率。

埋根深度保持原根际部即可(深挖坑、浅栽苗)，定植深度不宜过深，边填土、边踏实，具体操作规程是做到"三埋、两踩、一提苗"，确保苗正、根展、行对齐。栽植当天及时浇头水，以后每隔7～10天浇第二水和第三水。栽植穴凹陷的应及时填土，并将斜苗扶正。在保护带全沟铺膜，可保墒增温，提高苗木成活率。栽植后要及时进行截干，截干高度为20厘米。截干后注意保护伤口(涂油漆)，避免伤口失水和病虫害侵染。

四、栽植当年管理

1. 加强田间管理

根据土壤墒情，适时灌水。结合灌水施肥，灌水后及时中耕松土保墒。对盐渍土壤来说，早春地温低，浇水易降低地温，不利于新植枣树的生长发育。因此，在这类土壤上栽植的枣树要求一次性灌透水，之后若土壤不干旱则不再灌水。

2. 摘心

为保证根系尽早恢复，栽植当年尽量不抹芽。栽植当年留 4～5 个二次枝及时摘心，促二次枝伸展。如果当年生长慢，只要到 7 月 25 日左右，枣头枝一律摘心，确保枝条老化，以利于红枣越冬。8 月 10 日以后果园停止灌溉，以促使枝条老化，待枣果采收后上冻前再进行冬灌。

3. 防治病虫害

枣树栽植当年主要防治枣瘿蚊、红蜘蛛、枣粉蚧、红枣黑斑病等病虫害。

第二节 酸枣直播建园

酸枣直播建园技术指直播酸枣仁育苗及建园，然后就地进行嫁接‘灰枣’‘骏枣’等优良品种育苗及建园的方法。

图 2-1 酸枣直播建园

在相同条件下，酸枣直播育苗建园成本低、易操作，枣树适应性强、抗病性强、生长健壮、嫁接后结果较早，第二年即可形成一定产量，经济效益高。酸枣直播建园见图 2-1。

一、建园模式

(1)4 米双行模式　适合前期间作的枣园，酸枣宽行间距 3.4 米、窄行间距 0.6 米，宽行间作，几次间伐最终形成(1～2)米×4 米的株行距。

(2)3 米单行模式　适合前期间作的枣园，几次间伐最终形成 1 米×3 米的株行距。

二、播种

1. 做好播种前的准备工作,包括以下几方面。

(1)适时灌水　盐碱地一定要大水压碱。

(2)适时整地　墒情太大或太小都会影响出苗。

(3)施足底肥　每亩施氮肥 15 千克,磷、钾肥 20 千克。

2. 播种时间

酸枣仁播种要求地温稳定在 15 ℃以上,南疆阿克苏地区一般年份在 4 月上旬至 5 月下旬均可播种。

3. 播穴距离

根据建园模式确定穴距,一般在 18～36 厘米。

4. 播种深度

深度以 2～2.5 厘米最好,过深将影响出苗。

5. 播种量

亩用酸枣仁 0.2～0.4 千克。

6. 播种方法

采用棉花气吸式精量播种机或酸枣专用穴播器播种机进行播种。

用棉花播种机播种,可采取与棉花铺膜播种相同的技术要求:适墒犁、耙,土地达到“细、碎、松、平、均、净”六字标准。播种后逐行检查,压好膜,覆好土,增加部分腰埂,防风揭膜。

三、出苗后的管理

1. 定苗、补苗

(1)定苗　枣仁播种后 7～15 天即可出苗。当幼苗长至 3～4 片真叶时开始间苗,一般保留 2～3 苗,多苗有利于苗木和根系生长;幼苗长至 15 厘米高时及时摘心,促苗长壮。8 月以后再定苗,剪除小弱苗,注意不可用手拔苗,以避免伤根。

枣苗苗期根系长度是地上部分的 2～5 倍,因此不可在酸枣苗长得过高时才间苗,避免将要留下的苗在间苗时一并带出。在播种时,枣农为保证一播全苗,一般会对预定的株距进行加密播种,把播种株距由 60 厘米调整为 30 厘米。

30 厘米的株距可在当年 7 月份不缺苗的情况下，进行间株剪除，也可在次年全部嫁接，形成一年产量后，第三年间株间伐。酸枣直播定苗见图 2-2。

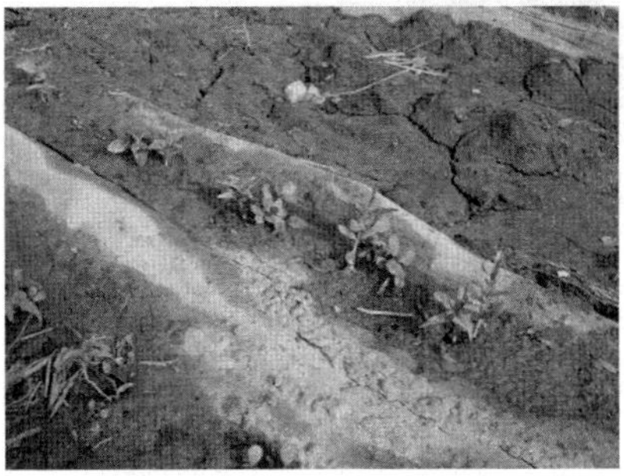

图 2-2 酸枣直播定苗

(2)补苗(补种) 在准备间除的密苗处，先浇水湿润，带土移苗，随起随栽，并及时浇水。补苗宜在傍晚或阴天进行。补种在播前 3 天开始在温室催芽，方法是把种子均匀摊在两层湿麻袋之间，3 天后种子即开始露白，待大部分种子露白后即可补种。

2. 肥水管理

待苗床苗出齐后，枣苗高 10 厘米左右时，即可浇水。结合浇水可追施尿素，每亩施 5～8 千克或喷叶面肥，以后隔 20 天左右(沙性土壤地区每 7～10 天)浇 1 次水、追 1 次肥。每次浇完水，要中耕，可提温保墒，同时注意在 6—7 月份防治红蜘蛛 1～2 次。切忌喷施除草剂。

3. 植株管理

当苗高 20 厘米以上时，剪除距地面 10 厘米以内主茎上的分枝，使砧木苗呈单轴生长，以便嫁接。因土壤肥力较差而苗木长势较弱的，到 30～40 厘米即可摘心；土壤肥力好而苗木长势较强的，长到 60～70 厘米即可摘心(南疆地区在 8 月上中旬)。注意摘除枣头顶芽，抑制其生长，促进茎加粗生长。8 月中旬以后不再浇水，使苗木充分木质化，以利于安全越冬。摘心后苗木当年生长粗度以 0.5～1 厘米为宜。

4. 病虫害防治

重点加强对红蜘蛛的防治，可用 1.8%阿维菌素 2 000～3 000 倍液或者扫螨净 2 000 倍液喷雾进行防治。

5. 入冬前准备工作

10 月中旬根据土壤湿度状况，土壤为黏重土且湿度较大的枣园可以不浇冬灌水，较干的沙壤土枣园可在 10 月中旬浇冬灌水。但无论何种土壤冬灌水必须保证在 10 月下旬前结束，防止因土壤含水量过大苗木不能安全越冬。可对酸枣苗进行涂白，涂白高度 15～20 厘米，以防冻。

第三章

红枣嫁接苗管理

一、嫁接时间

酸枣直播建园的枣园，在第二年 3 月底开始嫁接，嫁接时间最晚可以持续到 5 月中旬，最佳嫁接时间是在 4 月。嫁接时间在 4 月 15 日前的‘骏枣’园当年每亩即可收获 600～800 千克鲜枣，当年嫁接当年收益。对于‘灰枣’，要求嫁接时间尽量在 4 月 15 日前，这样‘灰枣’当年就可结果，产生效益。

二、嫁接品种的选择

根据品种的综合优良性状和市场需求，选择在新疆适合发展的优良品种，‘灰枣’‘骏枣’‘壶瓶枣’‘金昌一号’‘赞皇枣’‘金丝四号’‘冬枣’‘哈密大枣’‘灵宝大枣’等几个生长习性适应性极强的优良品种可作为优先发展品种。

三、嫁接密度

酸枣直播建园的枣园根据模式确定嫁接密度，一般 1 米嫁接 3 株。

四、接穗的选择及处理

1. 接穗采集标准

接穗以当年生枣头一次枝为最佳，要求芽眼饱满，粗度 0.4～0.8 厘米；枣头数量不足时，也可选用 1～2 年生的粗壮二次枝，粗度在 0.3 厘米以上为好

(图 3-1)。

2. 接穗的剪截方法

为有效地利用枣头,凡枣头做接穗时,均剪成单芽段,即每个接穗只留一个芽。二次枝做接穗时,可依节间长短留 1～2 芽。剪穗时,上剪口距芽 0.5～1 厘米,下剪口距芽 4～5 厘米(图 3-2)。枣头和二次枝最好分别存放,以便分类使用。

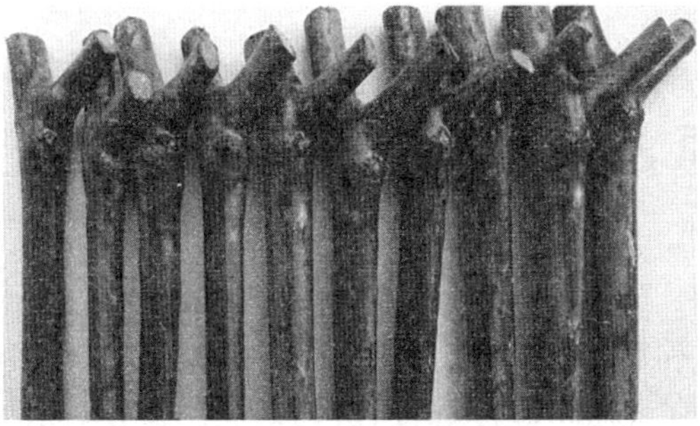

图 3-1 红枣接穗

图 3-2 红枣接穗的剪截

3. 接穗的处理

(1)随接随采 对于有接穗来源的,可以在当地随接随采。

(2)蜡封处理 对于无接穗来源的,接穗剪好之后应及时加以处理并贮藏好。

具体做法是:春季枝接所用的接穗剪好后,立即进行蜡封(图 3-3)。蜡封时石蜡的温度以 90～100 ℃为宜。封蜡时速度要快,要求在 1～2 秒之内完成。封蜡后立即过风散热或放入冷水中降温(图 3-4)。待接穗冷却后,用湿麻袋装好,然后存放到阴凉的地方。如嫁接时间长,接穗量大,应存放在冷藏设备中,冷藏温度以 1～2 ℃为宜。

图 3-3 红枣接穗蜡封处理

图 3-4 红枣接穗,封蜡后散热降温

嫁接时选择与砧木粗细相匹配、芽子饱满、无霉烂、无烫伤、封蜡完好的接穗。

五、嫁接砧木及地块处理

嫁接前7～10天将嫁接枣园浇1次水,以提高嫁接砧木含水量。在嫁接前将砧木苗提前1～2天留15～20厘米苗干平茬,平茬后将园中所有杂物清除出园外,等待嫁接。

六、嫁接方法和操作要点

(一)主要嫁接方法

枣树嫁接方法主要有两种:一种是枝接,另一种是芽接。

枝接时在砧木和接穗都较粗时宜采用切腹法嫁接,这样既便于操作,成活率也高。如砧木较粗而接穗较细时宜采用皮下接,如砧木接穗均较细时最好选用劈接法。

芽接在生长季时进行,最适于采用当年半木质化枝条上的芽带木质部嫁接。

目前,新疆生产上主要采用枝接。枝接以采用切腹接或劈接为好,个别粗度在1厘米上的采用双舌接成活率高。

(二)操作步骤

1. 切腹接

嫁接时先将接穗削成楔形,两个切面长宽一致,长度依接穗的粗细而定,接穗较粗的切面长度宜在2～2.5厘米,接穗较细的切面长度宜在1.5～2厘米。然后,根据接穗切面的长宽在砧木上距上口1厘米左右处斜下切开一道长宽与接穗切面基本一致的切口,再将接穗插入砧木的切口中,最好是三个面都能对齐。初学者不能将三个面都对齐时,也必须将任意一面和上部砧穗的皮层(即形成层,为树皮表皮下青绿色的皮下组织)对齐。最后用塑料膜扎严绑紧即可(图3-5至图3-13)。

图 3-5 第一步 剪砧

图 3-6 第二步 砧木开嫁接口

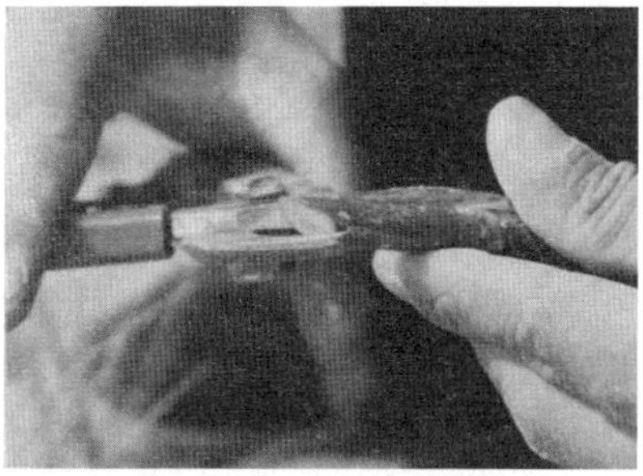

图 3-7 第三步 剪接穗 1

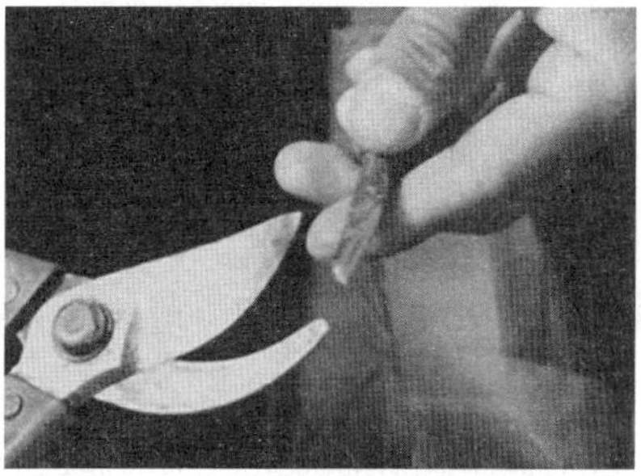

图 3-8 第四步 剪接穗 2

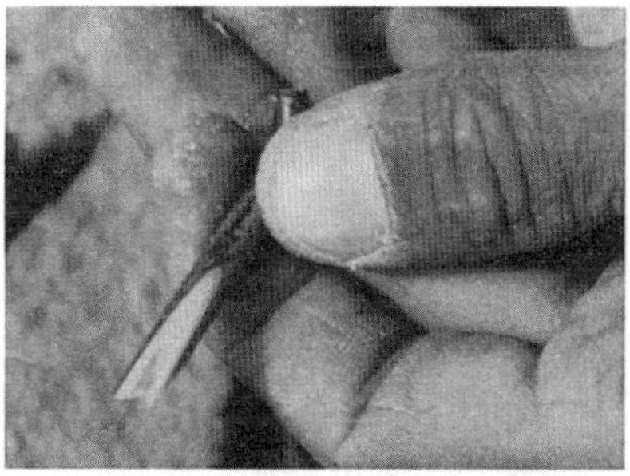

图 3-9 第五步 穗条剪好

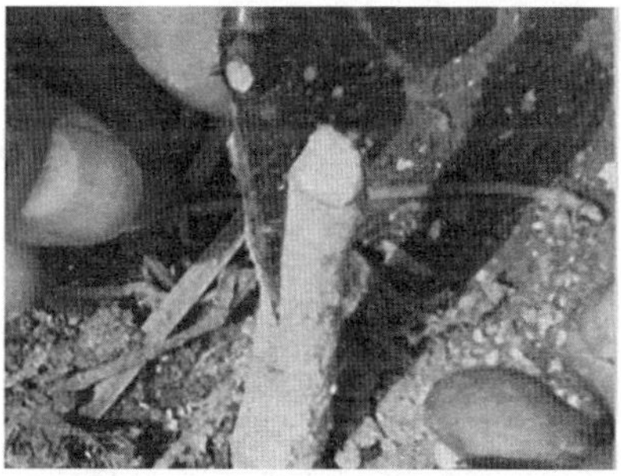

图 3-10 第六步 插接穗

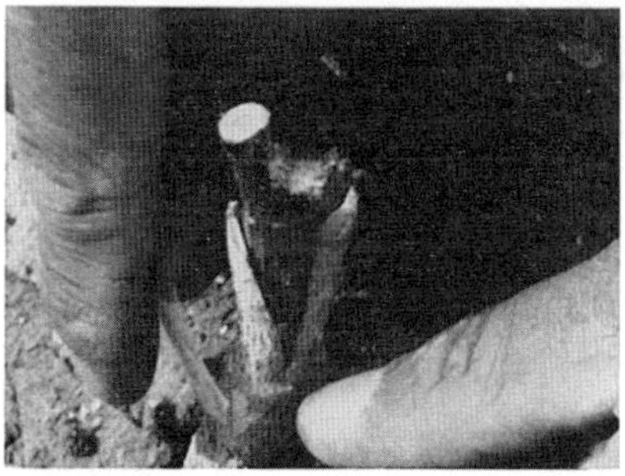

图 3-11 第七步 准备绑膜

图 3-12 第八步 绑膜

图 3-13　第九步　嫁接完成

2. 劈接

在砧木粗于接穗时应用。接穗长 2～4 芽，先将接穗削成两个对称的斜面，使之成为切面长度为 2.5～3 厘米的楔形，要求切面平直、光滑、清洁。枝皮不能翘起，同时要求外部所留的面应略宽于内部面。然后用力自上而下在砧木的中心劈一刀，深度为 2.5～3 厘米，撬开砧木劈口，然后将削好的接穗厚面朝外、自上而下插入砧木劈口中，使接穗和砧木靠边的皮层(形成层)对齐并使其紧密地接合，注意使接穗切面上端高出砧木切口约 0.1 厘米，最后用塑料薄膜扎严绑紧即可(图 3-14)。

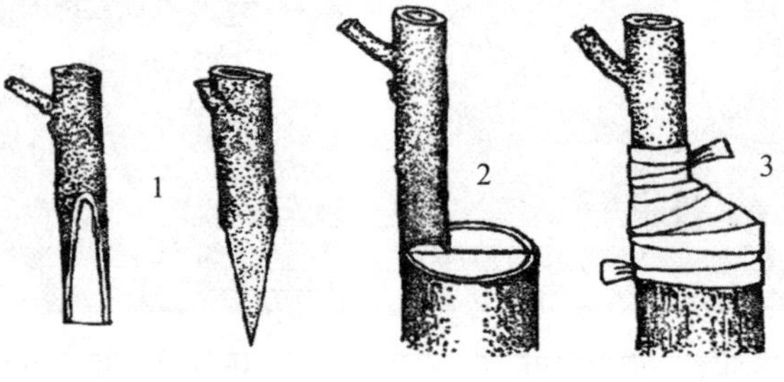

图 3-14　劈接

1. 接穗　2. 接合状　3. 绑扎

3. 插皮接

对于高接换种或粗大的砧木(直径 3 厘米以上)，劈接困难，可用插皮接。但小砧木不宜用插皮接，因小砧木树皮薄。采用插皮接时，先将接穗削成长 4～5 厘米的马耳形斜面。切削时先用刀深入木质部约 1/2 处，然后向前切削至先端。再在接穗背削一小切面，并把下端削尖。如果接穗粗于砧木时，可在接穗背面左右各削一小切口，然后先端再削尖。砧木可在离地面 4～10 厘米处锯断，高接换种时可在枝条直径 3～5 厘米处锯断，再将锯口削平。在插入接穗前，先找树皮平滑处纵划刀，然后从刀口中央插入接穗。和劈接一样，不要把接穗伤口面全部插入，需露白 0.5 厘米，再用较宽的塑料条将伤口包严，再绑紧绑严接穗(图 3-15)。

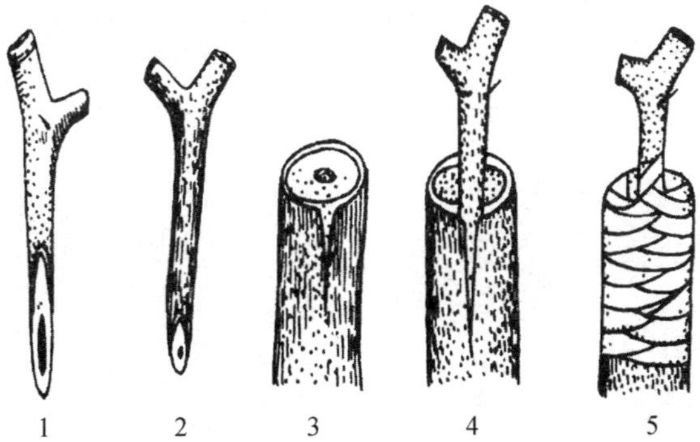

图 3-15 插皮接

1. 接穗长削面 2. 接穗短削面 3. 剪砧、切开枝皮 4. 插入接穗 5. 绑紧绑严

(三)提高嫁接成活率的操作要点

(1)对削接穗及砧木切削的要求 削接穗时，要仔细观察，如果形成层发黄或变黑，表明形成层细胞活力下降，接穗不能用；若形成层是青绿色的，则表明接穗新鲜，可以使用。削接穗时，要求刀刃锋利，持稳接穗，削口平滑。

(2)插穗要求 接穗两边与砧木形成层两边对齐，要求接穗露白，并注意接芽方向与砧木剪口方向一致。如果两边不能对齐，一定要对准一边，然后用塑料条捆严绑实。没有蜡封的接穗采用此法时应用地膜把接穗全部包严后再绑结实，或者在砧木接穗绑结实后，再用地膜把接穗顶端的剪口处包严，以防失水而不能成活。

(3)绑带要求 使用专用塑膜条(要求弹性好，厚度 0.14 毫米)将砧木的伤口和接穗露白处自下而上包严绑紧绑结实，固定好接穗，不能留有缝隙，使接穗与砧木之间紧密相接。

图 3-16 为酸枣直播嫁接，图 3-17 为酸枣直播嫁接后，图 3-18 为嫁接后幼苗(单株)，图 3-19 为嫁接后幼苗(整园)。

图 3-16　酸枣直播嫁接

图 3-17　酸枣直播嫁接后

图 3-18　嫁接后幼苗(单株)

图 3-19　嫁接后幼苗(整园)

七、嫁接后管理

嫁接后的管理直接影响到嫁接的成活率和保存率,因此需要做好以下工作。

1. 检查成活率

嫁接后 10 天左右检查接穗是否成活。若发现接穗失水皱缩,穗体皮色发褐者为未成活,应及时进行补接,以免错过嫁接适期;若穗体皮色鲜亮、芽萌动者为成活;若接穗剪口木质部为白色可断定为接穗嫁接不成活;看到接穗剪口木质部变为红褐色后,一般嫁接成活率很高,这也可作为嫁接是否成活的判定标准。

2. 及时抹除萌蘖

高位嫁接后的枣树,会从砧木上萌发许多萌蘖,这些萌蘖会消耗大量养分和水分,造成砧木蘖生长快,接穗生长慢,最后接穗被逐步抽死。即使嫁接成活,生长量也很小,因此要及时抹除萌蘖。一般嫁接后 7～10 天进行除萌,以后每隔 10 天进行 1 次，直到接穗长到 30～40 厘米，进入旺盛生长期后，萌蘖才会停止生长。

3. 及时解绑

嫁接成活后，不要过早地解除绑缚物，以免因接口生长不牢而使嫁接苗被风刮折。采用枝接法，一般要等到嫁接新枝长到 30～40 厘米，接穗明显加粗，接穗绑扎带紧绷并影响到加粗生长时，才能解开绑缚物。解绑时，可用小刀在枝接的背面将塑料薄膜纵向切一刀，注意勿伤皮层，解除塑料膜，以免妨碍枝条加粗生长。采用芽接时，应在嫁接后 3 周左右解绑，以防接芽受损。

4. 设立支柱并绑缚

采用枝接法，新梢生长量很大，一般当年生长高度可达到 1～1.5 米，且分枝量大，因此需设立支柱加以保护，以防嫁接苗木头重脚轻或因刮风造成从接口处劈裂、折断，从而造成损失。特别是对采用皮下接的苗木更要格外注意。设立支柱和第一次绑缚的时间一般是在嫁接薄膜解绑后立即进行，支柱长度一般在 100 厘米左右，插入地下 20 厘米左右，地上剩余 80 厘米左右，第二次绑缚在接穗长到 50～60 厘米时进行。

5. 整形修剪

嫁接后，嫁接时间较晚、土质条件较差、嫁接苗长势较弱的新发枣头留 3～4 个二次枝（高度在 40 厘米左右）即可摘心；嫁接时间较早、土质条件较好、嫁接苗长势强壮的新发枣头留 4～5 个二次枝（高度在 50 厘米左右）即可摘心。摘心后，一次枝不再向上生长，由营养生长转向生殖生长，很快会在枣吊叶腋间出现花蕾。二次枝横向生长时，枣拐留 5 节，要及时对二次枝进行摘心。枣头摘心的目的是促进新枝加粗生长，促发二次枝。二次枝摘心的目的是促进二次枝加粗生长，充分积累养分后，促进枣吊生长木质化，尽早进行花芽分化，提早结果。枣头、二次枝摘心后，枣吊生长至 20 厘米左右、有 5～7 对叶片时，可及时对枣吊进行摘心，形成嫁接当年“459”（4 个二次枝、5 节枣拐、9 片叶）或“559”（5 个二次枝、5 节枣拐、9 片叶）的栽培修剪模式。

6. 加强田间土肥水管理

嫁接苗生长期间，要及时灭除杂草。枣树嫁接后要抓好前期的促苗生长工作，枣头新梢长到 15～20 厘米时，每隔 10～15 天叶面喷 1 次 0.2%的尿素溶液，促进幼树新梢旺盛生长。追肥重点放在 6 月至 7 月上旬，以氮、磷肥为主，追肥 2～3 次，可随水滴肥（磷酸二氢钾 5 千克/亩，尿素 5 千克/亩），滴水间隔天数为 15～20 天（沙性土壤地区每 7～10 天灌溉 1 次），以促进苗木前期生长。7 月中旬，嫁接当年苗逐渐进入花果期，此时要对叶面喷施硼肥等利于坐果的营养剂。坐果后叶面喷施磷酸二氢钾、钙肥等营养剂，可促进果实生长，增加树体养分，提高抗性。8 月中旬后停水停肥，促进枝条木质化。

7. 嫁接苗的补苗工作

在春季，个别农田有缺株断垄现象，需要进行嫁接苗补植工作。在新疆嫁接苗补植以春季为好。一般在 4 月中旬至 4 月底枣树萌芽前后 1 周进行。栽植密度以直播株距的两倍为标准。定植穴的大小一般为 60 厘米×60 厘米，坑底施入 5 千克以上的腐熟农家肥。栽植苗木前要求苗木随挖随栽，苗木从苗圃中挖出后要进行蘸根处理，以利于提高苗木成活率。定植前要将嫁接苗的所有二次枝从基部剪除，定干高度在 40 厘米左右，剪口处要涂抹剪口保护剂，以防剪口处失水和发生病虫害，影响定植成活率。栽植深度要求和根颈相齐，边回填边踏实，并扶正苗木。栽植行铺薄膜后立即灌水，也可在灌水后、地稍干人能进地时对树盘四周铺膜，主要目的是尽快提高地温，及早促进根系活动，提高嫁接成活率。栽植时苗木根蘸磷肥泥浆，也可用 ABT 生根粉配成蘸根泥浆，有利于苗木成活。

8. 防冻工作

当年嫁接的枣苗在 7 月中旬以后停施氮肥，8 月中旬停肥，保墒状况差的沙性地可于 10 月下旬冬灌，保墒好的壤土地可不冬灌。11 月初，立冬前后，将主干 20 厘米以下二次枝剪掉，将枣树主干用石灰水涂白，涂白高度 30 厘米，当年嫁接苗即可安全越冬。为防止幼树冻害，可在土壤封冻前，用干土埋，厚度不低于 30 厘米。

第四章

红枣的肥水管理

第一节　红枣的施肥管理

一、枣树需肥的特点

根据枣树的生长发育特性，花期是需氮最多的时期，果期是需磷最多的时期，一般氮和磷在生长季前期下降最快，钾在果实迅速增大期下降最快，这主要是由于枣树生长前期枝叶生长量大，需要大量氮、磷参与代谢，而钾主要参与糖的转化和运输，所以在果实生长期需要量最大。因此，应按枣树不同物候期分期追肥，以保证树体内最活跃器官对营养物质的需要。

枣树施肥以基肥为主，追肥为辅。前期追肥在萌芽前，满足枝叶生长和花芽分化的需要，以氮肥为主；后期追肥在幼果期，满足果实发育和根系生长的需要，以磷、钾肥为主，并配合氮肥，有利于增进果实品质。此外，在花前期、花期和幼果期还可进行叶面追肥，对提高坐果率和枣果质量效果明显。

二、施肥时期和施肥量

（一）基肥

1. 施肥时间和种类

秋施基肥。枣果采收后至土壤上冻前（10 月底至 11 月），应及早施基肥，将基肥均匀撒入沟内，进行埋土填沟，并及时灌水，为来年多结果、结好果积累营养。春施基肥。未秋施基肥的枣园，土壤解冻后到枣树萌芽前(3 月底至 4 月上旬)补施基肥。基肥以腐熟的农家肥为主，可与尿素、二铵、过磷酸钙及油渣、绿肥、矿物源类肥料、微生物肥料、沼液等混合使用。

2. 施用方法和施肥量

树冠外围滴水线的垂直地面为枣树的最佳施肥距离。采用环状或条状沟施入，开沟机挖 40～50 厘米深、30～40 厘米宽的施肥沟。按照每亩 300～500 千克的油渣或鸡(鸽)粪和每亩 3～4 立方米(方)的牛、羊、猪粪，与尿素(每亩 20 千克)和磷酸二铵(每亩 10 千克)，均匀撒入沟内，再进行埋土填沟，并及时灌透水。

(二)追肥

1. 萌芽期追肥

一般在萌芽前(3 月下旬至 4 月上旬)进行，又称催芽肥。此次追肥尤为重要，不但可以促进萌芽，而且对花芽分化、开花坐果都非常有利。以氮、磷肥为主，追施氮肥的量要占全年补充氮肥量的一半。宜采用开浅沟追施，开沟深度以 10～15 厘米为宜。未秋施基肥的枣园，此次基肥即追肥；秋施基肥的枣园，尿素亩用量 5 千克，二铵亩用量 5 千克。

2. 花前追肥

在花期前(5 月中下旬)进行。此期枣树物候期严重重叠，树体营养消耗多，及时补充树体营养，不但可以提高坐果率，而且有利于果实的生长发育。花前肥每亩按氮磷钾 1∶1.5∶0.5 的比例，追施氮肥 6.7 千克、磷肥 10 千克、钾肥 3.3 千克，共 20 千克。节水灌溉的枣园可随水滴肥，亩用量在 8～10 千克。

3. 幼果期追肥

在果实膨大期(7 月中旬以后)进行，是提高产量增进品质的关键，又称助果肥。果实膨大期是枣树需肥量的关键时期，此时期如果养分供应不足可造成树体抗病能力减弱、果实脱落、品质下降、降低产量。7 月中旬和 8 月中旬两次追肥以磷钾肥为主，不施或少施氮肥。钾肥占全年补充量的 2/3，磷肥占全年补充量的 1/3。7 月中旬施钾肥亩用量 5～8 千克，二铵亩用量 5 千克。8 月中旬施钾肥亩用量 10～15 千克，二铵亩用量 5 千克。

4. 叶面喷肥

叶面喷肥是枣树追肥的重要补充，具有吸收好、见效快的优点。叶面喷肥时以枝枝不漏，叶叶着药，不流不淌为度。当枣吊生长至 10 厘米左右时，叶面喷施 0.3%尿素（300 克尿素兑水 100 千克）每隔 7 天左右喷施一次，喷 1～2 次，可促进枣吊快速生长。6 月中旬进入盛花期后，在 10：00 前或 19：00 后，叶面喷施 0.3%硼酸＋0.3%的尿素＋0.3%磷酸二氢钾（300 克硼酸、300 克尿素和 300 克磷酸二氢钾兑水 100 千克），每隔 7 天左右喷施一次，连续喷施 3 次，可促进坐果和防止落果。7 月中旬前后，叶面喷施 0.3%磷酸二氢钾（300 克磷酸二氢钾兑入 100 千克水），每隔 7 天左右喷施一次，连喷 2～3 次，可促进果实膨大。此外，对一些因缺少铁、锰、锌、钙等微量元素造成树体发育不良的枣树可喷硫酸锌、过磷酸钙、奇丽施腐殖酸微肥等。

三、施肥方法

枣树施肥的方法主要有土壤追肥和叶面喷肥 2 种。

（一）土壤追肥

土壤追肥的施肥方法大致有沟施或穴施 2 种。目前，在南疆阿克苏地区，2～6 年枣树常采用的施肥方法有条沟施肥和穴状施肥 2 种，6 年生以上枣树可采用环状沟施肥法和全园施肥法；施肥方法还有冲施肥法。

（1）条沟施肥　在枣树行间或株间开沟施肥，沟宽、深各 30～50 厘米。此法多用于成年密植枣园和酸枣直播建园。

（2）穴状施肥　在树冠外围稍远处每隔 50 厘米左右，环状挖若干个宽、长各 30 厘米左右、深 20～30 厘米的穴，将肥料施入穴中。

（3）环状沟施肥　也称轮状沟施肥。在树冠外围稍远处挖宽 30～50 厘米、深 40 厘米左右的环状沟施肥。将有机肥与表土混合，施入沟内，其上盖一层土。环状沟施肥易切断水平根，为避免伤根过多，可将环状沟中断为 3～4 个沟。环状沟施肥法多用于幼树施基肥。

（4）全园施肥　即将肥料撒于树盘、行间。全园施肥后配合灌溉，肥料利用率高。这种方法施肥面积大，利于根系吸收，适合于成年树、密植树、纯枣园、枣粮间作地区。如结合灌水追施速效性氮肥时可使用此法。

(5)冲施肥　冲施肥是一种随浇灌而施用的肥料，既可以是大中量元素肥料(如 N、P、K、Ca、Mg 等)，也可以是微量元素肥料(如 Zn、Mn、Fe、Mo、Cu、B 等)。近年来，冲施肥的研制开发、使用推广等方面发展很快，特别是在密植枣园已得到了大面积应用，取得了良好的经济效益和社会效益。

(二)叶面喷肥

合理地叶面喷肥可以提高坐果率，促进果实增大、增进品质，充实枝条，增强抗性等。

(1)方法　操作时，应注意将叶背面喷匀，喷到。叶面喷肥最好在 11:00 前和 19:00 后进行，以免气温过高，溶液浓缩快，影响喷肥效果，也可避免药害的发生。

(2)时期和浓度　1 年生枣树全年喷施 2～3 次。结合植保进行，前期(7 月中旬前)以氮肥(尿素)为主，后期以磷、钾肥(磷酸二氢钾)为主，同时可补施果树生长发育所需的微量元素肥料。用量为尿素 0.3%～0.5%、磷酸二氢钾 0.2%～0.3%。

2 年生以上的枣树全年喷 4～5 次，可与花期喷水和病虫害防治相结合。一般生长前期 2 次，以氮肥为主；后期 2～3 次，以磷、钾肥为主，同时可补施果树生长所需的微量元素肥料。用量为尿素 0.3%～0.5%、磷酸二氢钾 0.2%～0.3%、硼砂 0.1%～0.3%。最后一次叶面肥喷施在距果实采收期前 20 天进行为宜。

叶面喷肥常用肥料和浓度见表 4-1。

表 4-1　叶面喷肥常用肥料和浓度

肥料种类	浓度/%	主要养分及含量/%	时期	作用
尿素	0.3～0.5	N　42～45	整个生长季	促进生长、提高产量
过磷酸钙	1.0～3.0 (浸出液)	P_2O_5　16～18 $CaSO_4$　18	蕾期至坐果期	促进花芽和果实发育
硫酸钾	0.3～0.5	K_2O　48～52	果实生长期	提高果实品质
磷酸二胺	0.3～0.5	N　18、P_2O_5　46	果实生长期	促进果实发育
磷酸二氢钾	0.3～0.5	P_2O_5　24 K_2O　27	果实生长期	促进果实发育、提高果实品质

续表4-1

肥料种类	浓度/%	主要养分及含量/%	时期	作用
硫酸锌	0.2～0.3	Zn　35～40	生长期	防止小叶病
硼酸	0.2～0.3	B　17	花期	促进坐果
硼砂	0.3～0.5	B　11	花期	促进坐果
硫酸亚铁	0.3～0.5	Fe　19～20	生长季	防止缺铁症

第二节　红枣的水分管理

枣树属喜水耐旱的树种，在新疆南疆地区土壤大部分属沙性土壤，气候又比较干燥，很适合枣树的生长，但枣树在生长期需求水分较多。枣树在生长过程中适宜的土壤相对含水量为65%～70%，在花期、花后期及果实迅速生长期对土壤中的水分十分敏感。当土壤相对含水量小于55%或大于80%时，幼果生长受阻，落花落果严重；当土壤相对含水量降至30%～50%时，枣果肉细胞失去膨压变软，会停止生长。

因此，南疆地区的枣树在花期至白熟期，可每隔15天左右浇1次水，全年浇水不少于5次。第一次浇催芽水，即在萌芽前结合施肥进行。第二次浇开花水，结合花前施肥进行。此时气温高，蒸发量大，适时浇水可使花器正常开放，避免造成“焦花”“落花”，以提高坐果率。第三次浇坐枣水，即落花后浇水，可减少落果。第四次浇变色水，即白熟期，可结合施肥进行。此时浇水能加速果实膨大，提高果实品质。第五次浇越冬水，一方面可以促进根系吸收养分，提高树体积累能量；另一方面还可以增加枣树的越冬抗寒能力。

枣树在生长期内需要充足的水分，尤其是开花和果实发育期，一定要把水浇好。需要注意的是花期浇水不能太大，以使根系分布层含水量达到田间含水量的70%为宜。干旱年份可采用小水勤浇的方法，效果也很好。

如阿克苏地区，红枣漫灌年浇水量500～800米^3/亩，沟灌400～500米^3/亩，膜下滴灌1年生枣树用水量150～200米^3/亩，2年生枣树用水量180～300米^3/亩，3年生以上枣树用水量350～420米^3/亩。

[经验之谈]:利用手测法判断土壤大体含水量

壤土或沙壤土,用手紧握形成土团,再挤压时,土团不易碎裂,说明土壤湿度在最大持水量的50%以上,一般还不必进行灌溉;如手指松开后不能形成土团,则证明土壤湿度太低,须进行灌溉。黏壤土,用手捏时能成土团,但轻松挤压容易发生裂缝,则证明水含量少,须进行灌溉。

第五章

红枣花果管理

一、枣树落花落果的原因

枣树落花落果严重，一般坐果率为0.1%～1%。造成这一现象的主要原因与枣树的生物学特性、管理水平及气候条件等有关。

(1)物候期重叠，营养消耗多，树体营养不良　枣树花芽是当年形成、当年分化、随生长随分化、分化量大、分化时间长。枝叶生长、花芽分化、开花坐果及幼果生长都是在同一时期进行。因此物候期重叠，营养消耗多，养分竞争激烈。这是造成落花落果严重、坐果率低、产量低的重要原因。

(2)温湿度过高或过低都不利于受粉受精　枣花的受粉受精需要适宜的温湿度，花期遇不良天气，如低温、干旱、多风、连阴雨等，都会影响花粉的萌芽和花粉管生长，造成受粉受精不良，大量落花落果。

(3)枣园密度过大　枣树喜光，枣园内枣树间距过小，密度过大，不利于通风透光。

二、促花保果措施

枣树花芽当年多次分化、花量多、花期长，与枝叶生长同时进行，营养竞争激烈，导致落花严重，降低产量。应采取以下措施，调节花期营养矛盾。

(一)拉枝开角度

对角度小、生长直立或较直立的枝条，用撑、拉、吊、扭等方法，把枝条角度调整到 70°～80°，使枝条由直立转为平斜生长，以缓和树势，改善通风透光条件，以利于坐好果。

（二）疏枝

俗话说“枝条疏散，红枣满串；枝吊拥挤，吊吊空喜”，应及时疏除影响通风透光的无用枝、徒长枝和细弱无花的枣吊，将交叉枝、竞争枝从基部剪除，清除距地面 40～60 厘米主干上的枣头枝和萌蘖。

（三）抹芽

抹芽指对各级主枝、侧枝、结果枝组间萌生的新枣头，如不作延长枝和结果枝组培养，都应从基部抹掉，以节约养分，减少消耗，使营养物质积累在枣吊、枣果上，从而提高坐果率，加快幼果生长，减少落果。

在 5 月中旬至 7 月中旬，每隔 1 周左右将骨干枝上萌生的无用枣头全部抹掉（图 5-1）。抹除无用枣头时可从基部抹除，只留基部 2～3 个枣吊。一般成龄枣树，对于其上萌发的枣头，全部及时抹除（也叫重摘心），不留枣头枝或二次枝，只留枣吊，这是枣树丰产的关键（任何形式的枣头枝都是一种营养生长，都会大量消耗树体养分，使得其他枣果因养分不足而大量落果）。

图 5-1　枣头

（四）摘心

及早剪除一次枝、二次枝和枣吊的顶芽枝梢，随长随摘，以减少养分消耗，缓和新梢和花果之间相互争夺养分的矛盾，坐果率可提高 33%～45%。

摘心在 6 月上旬开始，待枣头生长到一定节数后进行，枣头留 4～7 个二次枝摘心；二次枝在 3～7 节处摘心；在初花期前至初花期，对生长势很强的木质化枣吊留 40～50 厘米摘心，一般枣吊留 15～25 厘米摘心以控制生长，促进幼果发育。摘心强度依树势、位置、空间、角度而定。

（五）花期“三喷”

1. 花期喷水

枣树花粉萌发需要较高的空气湿度（相对湿度 70%～80%），但开花期正处于旱季，空气湿度低，不利于开花授粉。因此枣树在花期时，土壤灌水和树上喷水可改善枣园空气湿度，补足各器官对水分的需求，有利于花芽分化，可明显提高坐果率。

喷水时期一般在盛花期，每隔 3～5 天进行 1 次叶面喷水，花期喷水 3～5 次，如结合进行 1 次叶面喷肥，可减少劳动强度，也能及时补充树体所需养分和减少落花落果，提高坐果率。

红枣花期需水量大，要求土壤湿度在 60%以上，当初花期土壤含水量小于 60%时，需勤浇水以满足盛花期对水分的需求，但严禁在盛花期灌大水，最好的措施就是浇足浇透花前水。

2. 花期喷肥和微量元素

硼、锌、铁等微量元素对坐果率和产量具有一定的促进作用，特别是硼在花中含量较多，其能促进花粉吸收糖分，活化代谢过程，刺激花粉、发芽和花粉管生长。因此，枣树缺硼会导致“蕾而不花，花而不实”。缺锌会造成枣树小叶病，引起枣树生长衰弱。缺铁会引起黄花病。

花期叶面喷施 0.3%的尿素、硼砂、硫酸亚铁、硫酸锌、磷酸二氢钾、过磷酸钙等，都有提高坐果率的作用。

3. 喷植物生长调节剂

多用于盛花初期，一般枣吊开 5～8 朵花时喷洒 1 次 10～15 毫克/升的赤霉素（方法是每 100 千克溶液加入 1.0～1.5 克的赤霉素），可以促进花粉萌发，刺激未受粉枣花结实。可以结合 0.3%的硼砂一起喷施。赤霉素先用酒精溶解，再用水稀释。若遇低温、干旱天气，可再喷 1 次。一般第一次喷后 7～10 天，再喷第二次，同一株树喷赤霉素全年不超过 2 次。

注意，进行花期“三喷”时，喷施时间要求在晴天无风的天气，11:00 前和

19:00后，以傍晚为宜。因为傍晚气温低，水分蒸发慢，喷施后树冠内高湿状态维持时间长。严禁在中午天气炎热时喷施。

（六）环割、环剥

1. 环割

通过环割，切断韧皮组织，使光合产物短期不能向下运转，地上部营养相对增加，有利于花芽分化和开花坐果对营养的需求，可减轻落花落果，提高坐果率。环割能提高产量10%～30%，是提高幼树早期产量的主要措施之一。

（1）环割时期　宜在盛花初期（枣吊30%左右的花开放，如阿克苏地区一般在6月下旬）。

（2）环割对象　3年以上的健壮的树或主枝，树势弱的不能环割。

（3）环割部位　大部分在主干部位或者主枝。在主干距地面以上20厘米处进行。

（4）环割方法　从地面20厘米处，用修剪刀把树皮割透，深达木质部（又不能伤及木质部），沿干周一圈。环割后须进行包扎（图5-2至图5-4）。

（5）环割后注意事项　及时在环割处喷杀虫、杀菌剂，防止伤口侵染病虫害；环割后7～10天轻浇水1次，有利于促进伤口尽快愈合。

图5-2　红枣环割后包扎

图5-3　红枣环割

图5-4　环割的红枣树

2. 环剥

环剥也叫“开甲”。枣树通过环剥，割断韧皮部，阻止树上有机营养向下运输，使有机营养暂时集中在树上部，以满足开花、坐果需要。待坐果后，伤口愈合，树上的有机营养向下运输的通道接通。

(1)环剥时期　对于落花重、不易坐果的品种，环剥最佳时间在6月中下旬盛花期(阿克苏地区)，即大部分结果枝已开5～8朵时，此期正是花质量最好的“头棚花”盛开之际，因此坐果多、果期长、个头大、产量高、品质好。

(2)环剥对象　幼树干径达到10厘米左右，树冠基本形成之后开始施行。

(3)环剥部位　以树干为主，只有临时加密树或临时辅养枝，可在主枝部位环剥(图5-5、图5-6)。

图5-5　以主枝为主的环剥

图5-6　以主干为主的环剥

(引自：张洪，潘清华，张俊民．北京市林果乡土专家培训系列口袋书——枣树篇．北京：中国农业大学出版社，2009)

(4)环剥方法　初次环剥的枣树，在距地面25～30厘米处的树干上开始，以后隔年向上移动3～5厘米，直至靠近第一层主枝时，再从下而上反复进行。

(5)环剥的宽度　成年树(15年以上)为0.7～0.8厘米，初结果小树和弱树为0.2～0.4厘米，中等树势的成龄树为0.5厘米，过于衰弱的树不宜环剥。一般环剥伤口以1个月内完全愈合为宜。

(6)环剥部位　应选平整光滑处。环剥时先用镰刀刮去环剥部位老树皮，露出粉白色韧皮部，再用专用环剥刀按要求环剥，深达韧皮部，但不伤及木质部。环剥必须做到切口宽窄一致，平整光滑。切口内韧皮组织切除干净，切口上、下两端韧皮组织仍紧贴木质部，不翘皮。

(7)环剥注意事项　环剥虽能使枣树增产,但有时也能削弱树势。连年环剥增产幅度会逐渐下降,而隔年环剥,下降幅度不明显。

生产上进行环剥时必须注意以下几点:①按照树龄、树势掌握环剥适宜宽度,以环剥处直径的1/10为宜,最大不超过1厘米。②宜在晴天进行。③刀口平直,宽窄一致,不伤及木质部。④环剥后注意伤口保护,以防病虫害,使伤口适时愈合。一般采取涂药、抹泥和绑缚塑料薄膜等方法。涂药是在伤口处每隔10天左右涂抹一次杀虫剂,连续涂抹2次。伤口抹泥是在环剥15天以后,用泥将伤口抹平,既可防虫害,又能增加湿度,利于伤口愈合。绑缚塑料薄膜是环剥后在伤口处绑缚塑料薄膜,可保温保湿,利于伤口愈合。⑤应加强肥水管理,确保连年丰产。

(七)花期放蜂

红枣为虫媒花,有丰富的花蜜。花期放蜂可提高坐果率1～3倍,尤其是对异花授粉的'赞皇大枣'等品种效果更明显。放蜂时要将蜂箱均匀放在枣园中间,箱间距不超过300米。

(八)加强枣树肥水管理

加强枣树肥水管理,保证树势健壮,这是采用以上措施提高坐果率的前提条件。

枣树的萌芽、开花、坐果主要消耗前一年的贮藏营养,因此在秋季要早施肥,9月中旬至10月初施有机肥,要做到"斤果斤肥"。在花前追肥1次,此期树体营养消耗多,及时补充树体营养,可以提高坐果率。追肥在5月中下旬追肥1次,以磷、钾肥为主,氮、磷、钾混合使用,结合施肥可浇1次水。同时要进行叶面喷肥,在花期喷肥可补充树体营养的不足。

第六章

红枣整形修剪

第一节　枣树整形修剪的特点

整形修剪是枣树栽培管理中一项重要技术措施，其目的是培养合理的树体结构，平衡树势，协调树体营养生长和生殖生长，使树体通风透光良好，从而实现枣树早实、丰产、稳产、优质，减少病虫害的目的。枣树的枝和芽及花芽分化、开花和结果等习性与其他果树具有明显的区别。因此，在整形修剪上也有其自身的特点。

(1)枣树的结果枝是脱落性枝(枣吊)，花芽随枣吊生长而不断分化，且枣树花量大，不必像其他果树一样考虑花芽留量问题。一般情况下，枣树没有明显的大小年，只要树体结构合理、通风透光，便可达到丰产稳产的目的。

(2)枣树的枣头(即新梢)当年就可转化成为结果枝组，对枣头通过摘心便可培养成结果枝组。1个枣头有数个永久性二次枝，每个二次枝上着生多个枣股(结果母枝)，每个枣股上着生1个或多个枣吊(结果枝)。枣树的结果枝组比较稳定，生长量小，连续结果能力强，可连续结果数年甚至十几年，当结果枝组衰老时，通过修剪促发新枣头，可形成新的结果枝组。

(3)整形修剪时要特别注意各级骨干枝的培养，保持各级骨干枝系的从属关系，形成合理的树体结构。

整形修剪时期分冬季修剪和夏季修剪。

冬季修剪是指在枣树休眠期间的修剪，在落叶后至第二年枣树萌芽前均可进行。冬季修剪应在冬季最冷时候进行，此时枝干中的养分、水分大部分回流至根系，修剪损失最小，且有利于树体越冬，防止树体抽干。但新疆冬季寒冷且干旱多风，一般幼树冬季修剪要在 3 月初至萌芽前，成年枣树冬季修剪在春节前后至萌芽前。冬季修剪主要应用短截、疏剪、回缩等方法，目的是按照预定目标进行整形，控制树高，培养骨干枝，调整骨干枝角度，培养结果枝组；疏除病虫为害枝、机械损伤枝、过密枝、丛生枝和枯死枝；培养预备枝，回缩衰老枝和下垂枝。

夏季修剪是在枣树萌芽后至落叶前的整个生长期内进行的修剪工作，修剪方法主要有抹芽、摘心、疏枝、拉枝、环割等。目的是控制枣头生长过快过长，以培养合理的健壮结果枝组（二次枝）；及早疏除无用的枣头，以节省养分；调整骨干枝方向，改善光照条件；调解生长和结果的矛盾，调整养分分配，提高坐果率，提高果实品质。

第二节　枣树整形修剪的基本方法

一、冬季整形修剪方法

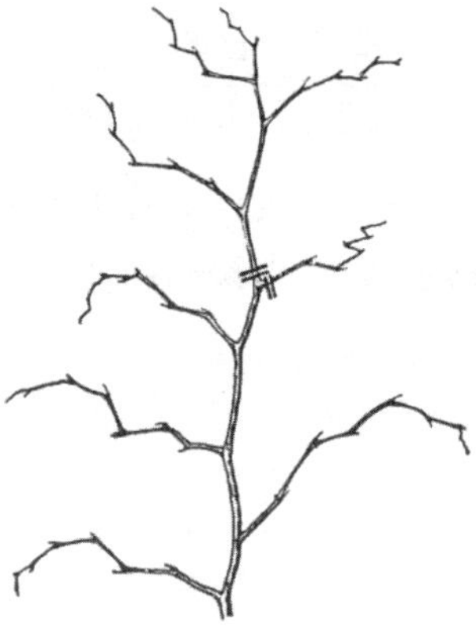

图 6-1　短截

1. 短截

短截是将一年生枣头和二次枝剪去一部分（图 6-1）。如果对枣头一次枝短截，而剪口下的二次枝不动，剪口下的主芽一般不易萌发而转为隐芽，即所谓的“一剪子堵”。这种短截也叫“堵截”。如果为了促生分枝，培养树形，扩大树冠，对枣头一次枝短截后，同时将剪口下 1～3 个二次枝从基部留 1 厘米左右剪掉，以刺激剪口下的主芽或二次枝枣股主芽当年萌发枣头，即所谓的“两剪子出”。这种短截也叫“放截”。

“堵截”是为了促进坐果，“放截”主要是为了刺激主芽萌发形成新枣头，培养新的骨干枝或结果枝组。

短截程度视枣头生长强弱而定，一般剪去枣头的1/3左右。枣头如不进行短截，则留枣头顶端主芽萌发形成单轴延伸，但不利于树形的培养和树冠的扩大。

2. 回缩

回缩是对多年生主枝或大结果枝组的短截，目的是更新复壮或分枝换头（图6-2）。

图6-2　回缩

（1）更新复壮　是对主枝或大结果枝先端结果差的枝条进行修剪，以加强后部结果能力，促进枝条更新复壮。

（2）分枝换头　是对着生方位、角度不理想的主枝或大的结果枝组在合适的分枝处截除，由分枝做延长头，以调整枝量空间分布。

3. 疏剪

疏剪也叫疏枝，是将密挤枝、重叠枝、交叉枝、枯树枝、病虫枝和细弱枝等从基部疏除，以减少营养消耗，改善通风透光条件（图6-3）。疏剪要求剪口平滑，不留残桩，以利于愈合。疏枝时细枝条用修枝剪，较粗的枝条则要用手锯，伤口较大时要涂抹油漆，以防止伤口龟裂失水而影响愈合。

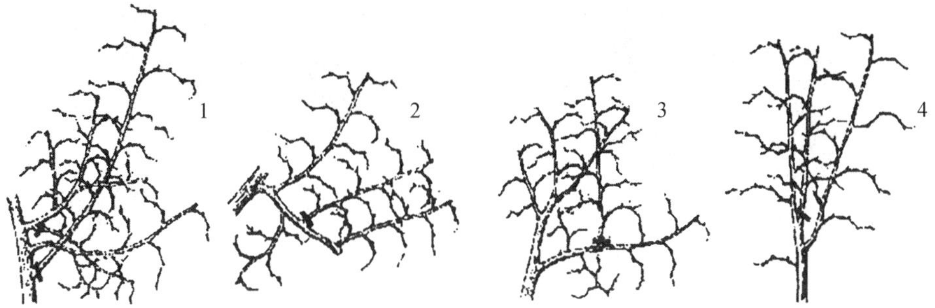

图6-3　疏剪

1. 交叉枝　2. 重叠枝　3. 位置不当的徒长枝　4. 竞争枝

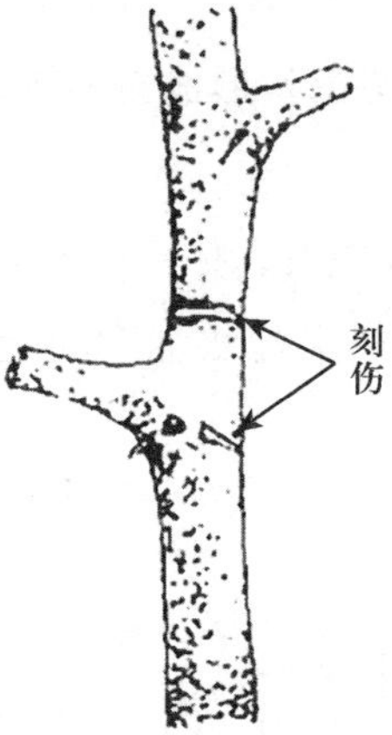

图 6-4　刻伤

二、夏季整形修剪方法

1. 刻伤

刻伤是为了刺激主芽萌发，培养各级主侧枝，增加枝叶量。刻伤可采取刻芽补空的措施。其方法是：在缺枝部位选择一个适当的芽，在其生长方向 1 厘米处进行刻伤，深达木质部，以促进该主芽萌发，形成枝条（图 6-4）。进行刻芽补空的时期，以萌芽前后为宜。

2. 抹芽

抹芽就是在春季将各级骨干枝及枝组上萌发出的没有发展空间的新生芽抹去（一般对新生芽抹芽又称抹芽摘心，即留 2～3 个枣吊后摘心），以防止无谓地消耗养分，扰乱树形，影响通风透光和光合作用（图 6-5）。

3. 摘心

6—7 月在枣树新生枣头（非延长枝）尚未木质化时，可对枣头一次枝、二次枝、枣吊进行摘心，阻其加长生长，提高树体的营养积累和转化水平，有利于当年结果和培养健壮的结果枝组（图 6-6）。

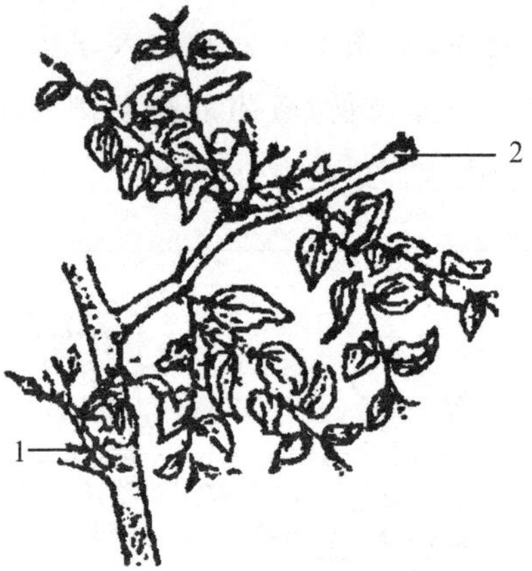

图 6-5　抹芽

1. 枣头抹芽　2. 二次枝抹芽

图 6-6　摘心

1. 重摘心　2. 轻摘心

对枣头摘心程度应依枣头所处空间的大小和生长势而定。如空间小,可留3～4个二次枝摘心;如空间大,可留5～6个二次枝摘心。一般弱枝重摘心,留2～4个二次枝;强壮枝轻摘心,留4～7个二次枝。

4. 疏枝

疏枝是将春季漏抹芽而没有发展空间或利用价值的新生枝及时疏除。

5. 拉枝、撑枝和坠枝

对生长较直立、角度较小的骨干枝和当年生枝条,采用拉、撑、吊、拿枝、扭梢等方法,改变枝条的生长方向,调整到适当的角度,以缓和树势,改善通风透光条件。拉枝时间一般为6月底至7月20日左右,在当年生枣头枝半木质化时进行(图6-7)。

图6-7　枣树拉枝

6. 环割、环剥

环割、环剥具体方法见第五章红枣花果管理相关内容。

第三节　枣树常用主要树形及培养方法

一、主干疏层形

主干疏层形有明显的中心干,干高80～120厘米,枣粮间作地主干宜高,密植园主干宜低,主枝分三层着生在中心干上。第一层3～4个主枝,向四周均匀分散开，开张角度 60°；第二层 2～3 个主枝，伸展方向与第一层主枝错开。第三层 1～2 个主枝。第一层内距为 40～60 厘米，第一层到第二层的层间距为 80～120 厘米；第二层内距为 30～50 厘米，第二层到第三层的层间距为 50～70 厘米。每个主枝选留 2～3 个侧枝，第一主枝上的侧枝之间要搭配合理，分布匀称，不交叉、不重叠。该树形特点是骨架牢靠，层次分明，通风透光好，易丰产，是目前稀植枣园常用的树形（图 6-8、图 6-9）。

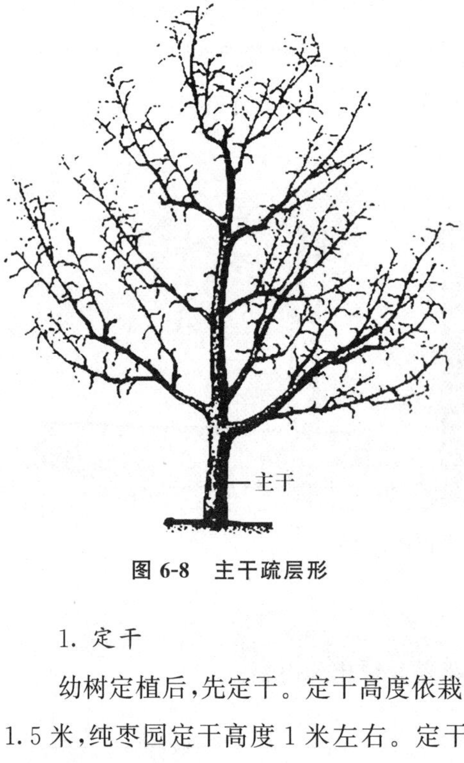

图 6-8　主干疏层形

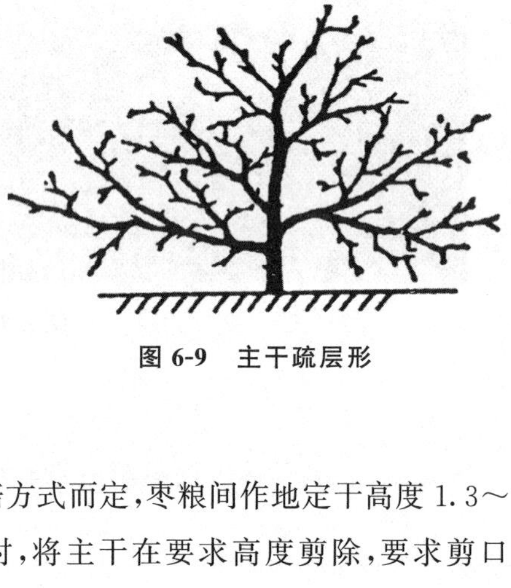

图 6-9　主干疏层形

1. 定干

幼树定植后，先定干。定干高度依栽培方式而定，枣粮间作地定干高度 1.3～1.5 米，纯枣园定干高度 1 米左右。定干时，将主干在要求高度剪除，要求剪口下 20～40 厘米整形带内一次枝主芽饱满，二次枝健壮。将主干剪口下第一个二次枝从基部剪掉，促使主干剪口下第一个一次枝主芽萌发，成为主干延长枝；再在下方整形带内选 3～5 个方位适当的二次枝，留 1 个或 2 个枣股短截，促使剪口下枣股顶端主芽萌发，成为第一层主枝。其他二次枝均从基部疏除。如果苗木根系发达，粗度在 2.0 厘米以上，定干当年可形成主枝 3～4 个。

2. 中心干及主枝的培养

定干当年主干延长枝的长度一般达不到第二层主枝所要求高度，即使高度达到要求，其粗度一般也不合要求。因此，可对主干延长枝在第二年春季萌芽前适当短截或缓放不剪，使延长枝继续进行加粗和延长生长，再过 1～2 年，当延长枝粗度达 1.5 厘米以上时，在距第一层主枝 100～140 厘米处短截，同时从基部疏除剪口下第一个二次枝，促使该二次枝基部主芽萌发，成为中心干延长枝，其下二次枝或从基部疏除，或留一个枣股短截，促使枣头萌发，培养第二层主枝 2 个或 3 个，其余枣头作辅养枝处理，同样方法培养第三层主枝 1 个或 2 个。

二、小冠疏层形

干高 50～70 厘米，有直立的中心干。全树有 8～10 个主枝，分 3 层着生在中心干上。第一层主枝为 3～4 个，基角开张 80°左右，层内距为 20～30 厘米；第二层主枝为 2～3 个，基角开张 60°～70°，层内距为 20～30 厘米，距第一层主枝 60～80 厘米；第三层主枝为 1～2 个，基角开张 50°～60°，层内距为 20～30 厘米，距第二层主枝 50～60 厘米。主枝上不设侧枝，直接培养不同类型的结果枝组。成形后，控制树高在 2.5 米左右，冠幅 2.5～3 米。新疆阿克苏地区拟推广第一层 3 个主枝、第二层 3 个主枝、层间距 1.0～1.2 米、干高 0.5～0.6 米、树高 2.5 米左右的小冠疏层形模式。该树形优点是树体较小，成形较快，光能利用率高。主枝少，树体负载量大，易丰产，管理方便。

具体整形方法见图 6-10。

第一年春季，苗木栽植后，剪留 80 厘米左右定干。在 20 厘米左右的整形带内，可应用短截二次枝，加切割、刻伤和撑、拉、别等开张角度的技术措施，培养顶端的 1 个直立枝作中心干。此外，培养 3 个相隔平面角为 120°左右，或 4 个平面角为 90°，长势均衡的枣头作主枝，在夏季调整基角角度呈 80°左右。

第二年春季，将选好的直立枝短截 80 厘米左右，促进萌发枣头生长；3 个主枝作轻剪，剪留 60～80 厘米。夏季在中心干上，新生枣头除留顶端 1 个直立生长的外，其余枣头均拉成近水平状态，选在第一层各主枝间空位的枣头 2～3 个作第二层主枝培养，其余枣头作摘心处理，培养成结果枝组。在主枝上，除选前端一个枣头作带头枝外，对其余枣头摘心，培养成果枝组。

第三年春季，中心枝继续留 80 厘米左右短截，培养第三层主枝。夏季选好的 1～2 个第二层主枝，也留 60～80 厘米短截。第一层主枝长度控制在 120 厘米以内，超出部分剪去，以二次枝带头。不到 120 厘米的不短截，中部培养 1～2

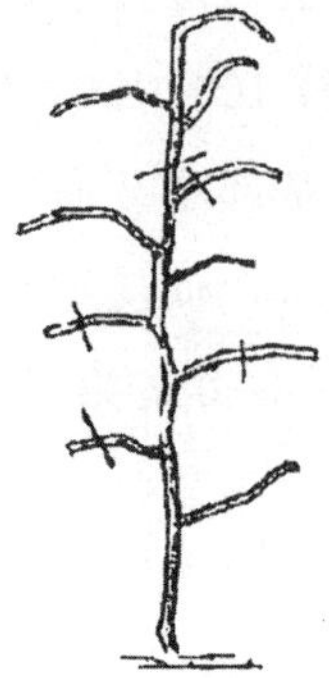

A. 第一年春季定干

B. 第二年春季修剪

C. 第三年春季修剪

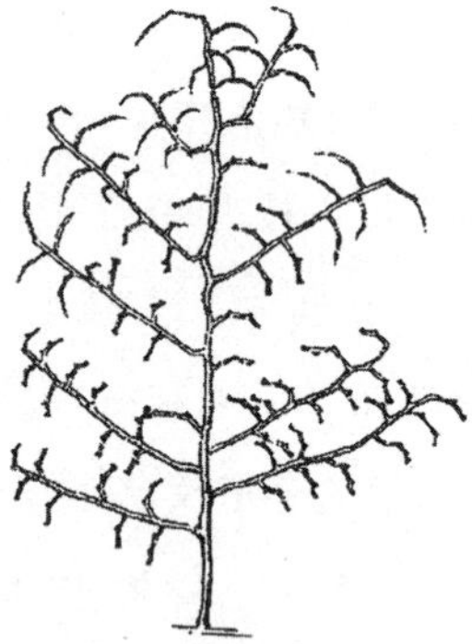

D. 第三年秋季树形完成

图 6-10　小冠疏层形整形方法

个结果枝组。夏季，中心干延长枝留 80 厘米左右后摘心，促进下部二次枝结果。注意主干、主枝上萌发的直立枝，可尽早重剪，改造成木质化枣吊结果。

秋季选留 1 个第三层主枝后，树形即基本完成。第二层主枝长度控制在 90 厘米左右，第三层主枝长度控制在 60 厘米左右，第三层主枝培养好以后，过 2～3 年就可以开心落头。

三、开心形

开心形主干高度 50～60 厘米，树高控制在 2 米以下，在主干上轮生或错落着生 3～4 个主枝，主枝基角 40°～50°，没有中心干，每个主枝上配置 2～3 个侧枝，侧枝顺向着生，以免交叉。树形优点是树体较小，结构简单，容易整形，通风透光好，丰产，便于管理和采收（图 6-11）。

图 6-11　开心形

(1)定干　幼树定植一年后，在定植苗木 80～90 厘米处剪截，要求在剪口下 30 厘米整形带内一次枝主芽饱满，二次枝健壮。在整形带内选留 3 个方位适当的二次枝，留 1～2 个枣股短截，促使剪口下枣股顶端的主芽萌发，形成三大主枝。其他二次枝均从基部疏除，主枝间距 40 厘米左右。

(2)侧枝的培养　当主枝粗度超过 1.5 厘米时，在距主干 50～60 厘米处剪除，同时将剪口下 2～3 个二次枝从基部疏除，促使剪口下的芽萌发成枣头作主枝延长枝，选其下主芽萌发的一个枣头作侧枝培养。各主枝的第一侧枝应留在主枝的同一侧，此后 2～3 年根据主枝延长枝的长度培养第二、第三侧枝。第二侧枝应在第一侧枝的另一侧，第三侧枝与第一侧枝在同一侧。

四、自由纺锤形

纺锤形树形，具有骨干枝级次少，修剪量小，通风透光好，结果早，便于骨干枝轮流更新，树冠紧凑，冠幅小，适于密植和较易整形修剪等优点。

在直立的中心主干上，均匀地排布 7～10 个主枝。幼树树高一般为 1.5～1.8 米；成年大树树高控制在 2.0～2.5 米，相邻两主枝之间距离为 30 厘米左右；主枝的基角为 80°～90°，主枝上不着生侧枝，直接着生结果枝组；主枝在中心主干上要求在上下和方位角两个方面均匀分布(图 6-12)。

(1)定干　在中心主干 1 米处短截，疏除主干剪口下第一个二次枝。

(2)主枝培养　在整形带内选 3～4 个方向适宜的二次枝，剪留 1 节作主枝

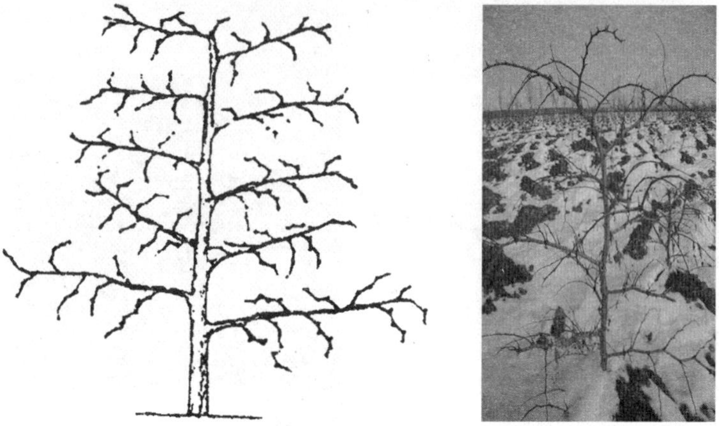

图 6-12　自由纺锤形

培养。第二年在主干延长枝上距最近的主枝 40～50 厘米处短截，同时疏除剪口下 3～5 个二次枝，选位置适合的 2～3 个枣头作主枝培养，延长枝剪口芽萌发的枣头继续作为主干延长枝。第三年、第四年同样方法培养其余主枝，所有主枝的角度为 80°～90°。在主枝上萌发的枣头，通过摘心培养成结果枝组，不留侧枝。注意调节各主枝之间枝势的平衡，保持中心干的优势，主枝粗度超过主干的 1/2 时，要及时更新该主枝。

第四节　矮化密植枣园整形修剪

随着枣树栽培密度的提高，整形修剪也发生了巨大的变化。这些发展趋势是：树冠由大变小，骨干枝由多变少；树形从自然走向规范，修剪从繁杂到简化。这些修剪方法的变化是根据现有密植栽培条件下树体生长发育特点和早结果的要求而做出的，可促使幼树快速生长，早结果，早丰产。具体做法是：幼树先结果后整形；修剪时期要冬夏结合，以夏为主；修剪技术以轻为主，简化树形，减少修剪措施等，做到幼树枝条抽生齐、密、匀、壮，成形快，结果早。

目前，矮化密植栽培较好的树形主要有小冠疏层形、单轴主干形等。而对株间的临时植株或临时加密行，在不影响永久株整形结果条件下，主要采用单轴形、水平扇形和“Y”字形。

一、小冠疏层形

1. 树体结构

全树有主枝5～6个，分两层着生在直立中心干上。第一层3个主枝，第二层1～2个主枝。主枝上直接着生结果枝组。冠径不超过3.5米，干高0.6～0.8米，树高2.5米左右，层间距1.0～1.2米。树形优点是树体较小，成形较快，光能利用率高。主枝少，树体负载量大，易丰产，管理方便。此树形是阿克苏地区1.5米×(2.0～4.0)米株行距枣园的主要丰产树形。

2. 整形修剪方法

(1)嫁接当年 5月10日后，对主干进行“脱裤腿”，促进顶部二次枝生长。5月下旬开始对所有刚长出4～5个二次枝的新枣头(50厘米高)摘心(不动剪，摘心不留桩)，随后及时进行叶面喷肥2次，培养健壮二次枝和饱满侧生主芽。6月底对生长高度不足50厘米的所有新枣头全部摘心，培养健壮二次枝并促进枝条木质化，保证幼树安全越冬。

(2)嫁接第二年 春季根据树体长势决定是否确定永久株。对株高50厘米左右的枣园，清除树干30厘米以下的二次枝和萌蘖，剪除木质化枣吊(留桩0.5厘米)。选择二次枝长势健壮的枣树按1.2～2.0米的株距确定永久株(用木棍标记)，相邻2行永久株的选择应按梅花桩式确定。永久株之间可选择健壮枣树按0.50～0.75米间距留1～2株作临时株，其余过密株移出，剪除并生株，将亩有效株数控制在330株以内。对确定的0.5米高及以下的永久株放1个枣头继续培养中干，离地面1米高时摘心。对永久株之间的临时株，以争取早期产量为目标其余不动剪，春、夏季及时摘心，抹除萌芽，控制树高，缓和树势，提高坐果率和产量。春季移出的过密株可进行补栽或进行行间加密，加密行是临时行，临时行内的树也全部是临时株。对0.7～0.8米高的永久株不动剪，促壮、促结果，第三年培养主枝。

(3)嫁接第三年 对头年已确定永久株、培养至1米高左右和永久株高0.7～0.8米、控一年的枣园，选择二次枝生长健壮(直径0.8厘米左右)的枣树按1.5米×4.0米梅花桩式确定永久株(用红漆标记)，二次枝不够粗的永久株一年不动剪。永久株之间可选择健壮枣树按0.50～0.75米间距留1～2株作临时株，其余过密株移出，剪除并生株，将亩有效株数控制在330株以内。对永久株以塑造丰产树形为目标，采取“五剪刀”的办法(即剪除枣头及枣头下第一个二次枝，留一节短截从顶部数第二、第三、第四个二次枝。剪口处应留桩1～2厘米，截面越大留桩越长，防止抽干)培养主干和第一层主枝，剪除底部30厘米以下的二次枝，疏枝清干(即疏除木质化枣吊、秋梢、细弱枝、下垂枝、密挤枝和竞争枝)，主枝和中干5～6个二次枝时摘心，主枝的最上部二次枝向外生长，其余萌芽0.5厘米时重摘心，7月上中旬开张第一层主枝角度(角度为70°)。开张角度时，应采用立木棍的方法固定主枝，并把主枝方位控制在行间。

临时株树形为单轴形或“Y”字形，采取控冠的办法，中干不动剪，把树高控制在80厘米以下，以缓和树势，提高坐果率，争取早期产量。

(4)嫁接第四年　对永久株已培养出第一层3个主枝的，剪除树干40厘米以下的二次枝和木质化枣吊，开张第一层主枝的角度，剪除主枝最上部向上直立生长的二次枝，夏季及时摘心抹除萌芽，控制中干高度，在保证产量的同时扶壮第一层主枝，积累养分，增强树势；只培养出第一层1～2个主枝的，选择合适方位的二次枝短截，培养并补齐第一层主枝的空间，夏季及时摘心抹除萌芽，控制中干高度，在保证产量的同时扶壮第一层主枝；未培养出第一层主枝的，可全部清干后于80厘米高处定干，重新培养主枝和中心干。对临时株，仍采取控冠的办法，中干不动剪，把树高控制在80厘米以下，并及时抹芽除萌，缓和树势，提高坐果率，争取早期产量。

(5)嫁接第五年　剪去中心干第一个二次枝，促发新枣头培养中心干延长枝，中心干延长枝枣头留6～8个二次枝摘心。在第一层主枝50～60厘米处短截，并剪除剪口下的第一个二次枝，第二个二次枝留一节短截，促发新枣头，分别培养主枝延长枝和1～2个中小型结果枝组。各主枝上枝组的排列部位、方向要保持一致。同一主枝上的相邻两个枝组除保持一段距离(40厘米)外，其延伸方向也应相反。临时株萌芽后，在最上部的二次枝上选留一个萌芽，作为中心干延长枝，4～5个二次枝时摘心，把树高控制在120厘米以下，并及时抹芽除萌，缓和树势，提高坐果率，争取早期产量。

(6)嫁接第六年　中心干上部枣头从顶部数第二、第三个二次枝留一节短截，促发新枣头培养第二层主枝(第二层主枝的选留应与第一层主枝错开，不重叠)，主枝有 5～6 个二次枝时摘心，主枝的最上部二次枝向外生长，其余萌芽 0.5 厘米时重摘心。临时株仍采取控冠的办法，所有枝条不动剪，把树高控制在 2.0 米以下，并及时抹芽除萌，缓和树势，提高坐果率，争取早期产量。

二、单轴主干形

1. 树体结构

单轴主干直立，干高 40 厘米，树高 1.8～2.0 米，结果枝组直接着生于主干上，全树有枝组 8～12 个。结果枝组下强上弱，呈水平状均匀分布在主干周围。下部枝组开张角度为 80°～90°，上部枝组开张角度为 70°～80°。

树形优点是枝组布局合理，通风透光良好，单位体积有效枣股数量多，有利于早结果、早丰产和采收管理，结果枝组便于更新，适于行距为 1.5～2.0 米和宽窄行[(1.4＋2.6)米、(0.6＋0.8)米]的枣园，以及株行距为 1.5 米×4.0 米枣园中的株间临时株和临时行采用。

2. 整形修剪方法

(1)嫁接当年　5 月 10 日后，对主干进行“脱裤腿”(疏除主干底部 25 厘米以下的第一个二次枝及枣吊)，促进顶部二次枝生长。5 月下旬开始对所有刚长出 4～5 个二次枝的新枣头 50 厘米时摘心(不动剪，摘心不留桩)，随后及时进行叶面喷肥 2 次，培养健壮二次枝和饱满侧生主芽。6 月底对生长高度不足 50 厘米的所有新枣头全部摘心，培养健壮二次枝和促进枝条木质化，保证幼树安全越冬。

(2)嫁接第二年　春季根据树体长势决定是否确定永久株。对株高普遍(70％以上)在 50 厘米以下、长势普遍较弱的全部从 10 厘米处平茬落头，不分永久株和临时株，重新培养主干和二次枝；待株高长至 70 厘米时进行人工摘心和“脱裤腿”。

对株高普遍(80％以上)达到 50 厘米的枣园，选择二次枝长势健壮的枣树按 0.8～1.2 米的株距确定永久株(用木棍标记)，相邻 2 行永久株的选择应按梅花桩式确定。永久株之间不留临时株，移出过密株，剪除并生株。对确定的永久株疏除最上一个二次枝，培养延长枝，延长枝有 4～5 个二次枝时摘心。及时抹除其余萌芽，控制树高，缓和树势，提高坐果率和产量。春季移出的过密株可进行补栽或进行行间加密，加密行是临时行，临时行内的树也全部是临时株。

(3)嫁接第三年　对头年平茬落头后，株高普遍(70%以上)在70厘米以上的枣园，选择二次枝生长健壮(直径0.8厘米左右)的枣树按0.8～1.2米的株距确定永久株(用木棍标记)，相邻2行永久株的选择应按梅花桩式确定。永久株之间不留临时株，移出过密株，剪除并生株。对确定的永久株疏除最上一个二次枝，培养延长枝，延长枝有4～5个二次枝时摘心。及时抹除其余萌芽，控制树高，缓和树势，以提高坐果率和产量。春季移出的过密株可进行补栽或进行行间加密，加密行是临时行，临时行内的树也全部是临时株。对头年已确定永久株的枣园，疏除最上一个二次枝，培养延长枝，延长枝有4～5个二次枝时摘心。及时抹除其余萌芽，控制树高，缓和树势，以提高坐果率和产量。当树冠生长高度达到要求后，顶部落头。主干上的结果枝组，为保证其强旺的结果能力，应3～5年更新复壮一次。更新时，宜在枝组基部10厘米处重短截，刺激隐芽萌发新枣头，培养新枝组。更新时，可根据各枝龄结果情况，分批分年进行，做到干老枝不老。

三、临时株的树体结构与整形修剪要点

当前密植枣园中，临时株适合的树形有单轴主干形或"Y"字形。

临时株的保留年限应根据当地生产实际和管理水平来确定，一般2～4米行距的间作枣园，6年后株间的临时株，应彻底间移或间伐，给永久株让出空间，打开光路，保证永久株正常生长和结果；而行间加密的临时行，也应在10年后彻底间移或间伐。

1. 单轴主干形

(1)树形结构　与单个结果枝组无明显差异。主干不明显，树高0.8～1.0米，其上有永久性二次枝8～10个，有效枣股40～50个(图6-13)。

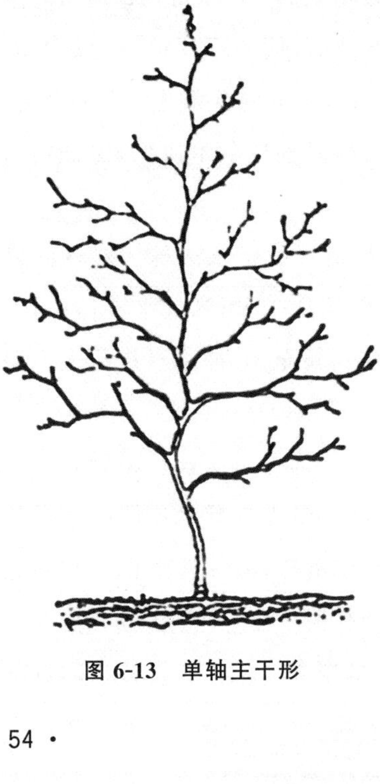

图6-13　单轴主干形

(2)优点　单轴主干形树体较小,单位面积产量高,定植当年或第二年即可成形,修剪技术最为简便,适于亩植 740～1 000 株枣园采用。

(3)整形修剪技术要点　移栽定植枣树第一年定干高度 10～15 厘米或在嫁接口以上留一正芽剪截,当新生枣头长到预定二次枝和枣股数量后及时摘心。第三年后,仅对主芽萌发的幼嫩新梢从基部 3 厘米以上摘心,使形成两条木质化枣吊结果,并通过控制氮肥的用量和配方施肥,延长枣股结果年限,保持丰产稳产。当枣股正芽萌发数量有增加趋势后,或进行平茬更新,或结合促生分枝,构成新的丰产树形。

株间临时株的整形修剪与 2～4 米行距枣园中临时株相同。

2.“Y”字形

(1)树形结构　干高 40～50 厘米,在主干上部着生 2 个主枝,2 个主枝斜伸向行间,主枝基角 60°。在各主枝的外侧着生 3～4 个中小型结果枝组。

(2)优点　树冠矮小,通风透光好,单株产量较小,该树形主要适合于 2～4 米行距枣园中株间的临时株。

(3)整形修剪技术要点　直播酸枣嫁接第二年,对剪口下 4～5 个二次枝留一节短截,长出 3～4 个枣头,冬剪时选留生长位好的枣头 1～2 个作为主枝培养,实行短截,促其延长生长,其余枣头作为枝组培养;对主干延长枝视其与第一主枝或第二主枝的枝距进行短截,剪除剪口下二次枝 2～3 个,第三年冬剪时可选留第二个或第三个主枝,实行短截。侧枝培养方法和主枝一致。在主侧枝培养过程中应注意方位、角度和枝距,同时根据空间位置来培养结果枝组。

第五节　密植枣树不同年龄段修剪要求

1～3 年的嫁接苗由于株行距小,在生产上主要采用小冠疏层形和自由纺锤形树形进行修剪。

一、嫁接当年苗修剪

嫁接当年枣苗主要以夏季修剪为主。修剪定形见本书第三章(红枣嫁接苗管理)内容。

二、嫁接第二年枣树修剪

3月初进行修剪,先将主干顶端的第一个二次枝由基部疏除,利用主轴上主芽抽生的枣头培养中心领导枝。其下选3个二次枝,保留1节短截,促其萌发枣头,培养第一层主枝,修剪整形范围在50～80厘米。主干上不进行短截的剩余二次枝全部疏除。夏季生长期中干顶端新发的直立枣头留4个二次枝摘心,下部的3个留一节二次枝短截处新发枣头保留3个二次枝摘心。

三、嫁接第三年枣树修剪

在第二年修剪发枝的基础上,保留亩株数,原则上轻剪或不动剪,不促发新生枣头,对长势较弱的枣头进行回缩,由3个二次枝疏剪为两个二次枝。春季发芽前,剪除中央领导干顶端第一个二次枝,促发枣头培养中央领导干延长枝,其余二次枝留3～5节回缩。夏季修剪主要以摘心为主,将萌发的枣头及时摘心抹芽,是保证当年产量的重要措施。

四、嫁接第四年枣树修剪

嫁接第四年红枣间苗后,树与树之间的空间加大,这时要尽量将第二年放头的枝条再次放头,加大树体横向空间的伸展。培养牢固的骨架和良好的树体结构,使各部分枝条各自占领一定的空间,具有良好的光照条件,能充分地进行光合作用,同时能促进生长与结果,保持稳产和优产,提前进入盛果期,并使盛果期延长。通过修剪放头,树形逐渐丰满,从细长主干形转变为小冠疏层形或主干疏层形。

五、结果枝组的培养

结果枝组要求均匀地分布在主侧枝上。随着主侧枝的延长,用培养主枝的同样方法,促使主枝和侧枝上萌发枣头,然后根据空间大小和枝势强弱,来决定枝组大小密度。一般主侧枝中下部以培养大型枝组为主,主侧枝中上部以培养中小型枝组为主。

六、辅养枝的利用和控制

除选留固定的主侧枝外，对新生枣头只要不影响通风透光和主侧枝的正常生长，可暂时保留利用，成为辅养枝，以制造营养、增强树势。辅养枝的修剪方法主要是控制枣头延伸，一般留 2～3 个二次枝摘心，控制其延伸长度，使其大量结果。对于没有利用价值的辅养枝要逐渐回缩，没有生长空间时疏除。

第六节　昆玉市红枣幼树小冠疏层形整形技术案例

小冠疏散分层形是新疆提倡并广泛采用的红枣树形。本节以新疆昆玉市红枣幼树小冠疏层形整形技术为案例，通过图解主要介绍 1～5 年生红枣树的整形修剪。

红枣幼树小冠疏散分层形修剪适用干性强、层形分明的品种（如‘骏枣’、‘灰枣’），这种树形树冠较大，主枝分层排开，光照良好，易形成丰产树形（图 6-14）。

以下为 5 种不同情况的小冠疏层形修剪。

1. 正常树形的修剪

栽植当年，剪口下萌发出 4～5 个枝条，三大主枝以及中心干非常明晰，为正常树形。修剪口诀为“一长三短，正常修剪”（图 6-15）。

（1）对中心干以及三大主枝的延长头短截，采用“两剪子出”的方法，利用二次枝基部的主芽萌发一次枝，扩大树冠。同时注意剪口下芽体的位置，应选留合理部位的芽体，以使得发出的枝条位置、角度合理。

（2）三大主枝长度超过 60 厘米时，开始培养第一侧枝。在距中心干 50 厘米左右选一生长健壮的、偏生的二次枝，选留 1～2 节枣股短截，利用枣股主芽萌发形成一次枝而成为侧枝；也可以将二次枝从基部疏除。同时在芽体上方刻芽，促使主芽萌发形成侧枝。

图 6-14 幼树小冠疏层形

(3)若中心干生长较旺，在距第三大主枝 80 厘米处选两个健壮的二次枝留一节枣股短截，促使枣股主芽萌发形成第二层主枝。

(4)以上枝条修剪完成后，将树膛内部过密的二次枝、细弱枝和过于背下的枝条逐年从基部疏除。

(5)剪除未脱落的木质化枣吊、干枯桩及萌蘖。

2.“一长两短”特殊树形的修剪

“一长两短”树即有中心干，但三大主枝还缺一个主枝。此种树的修剪程度是：首先对 3 个枝条延长头短截，继续扩大树冠，达到培养侧枝以及第二层主枝

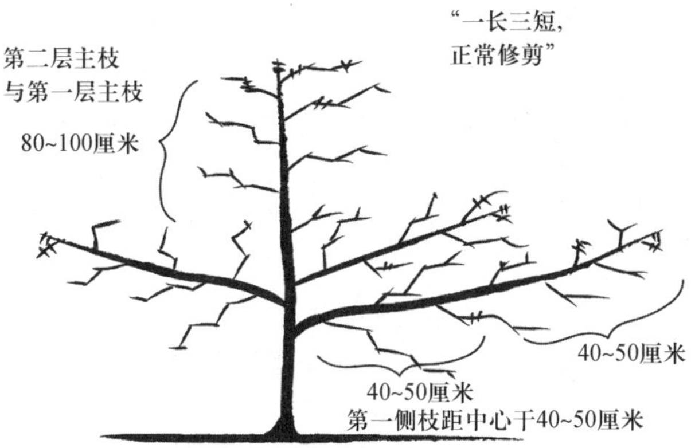

图 6-15 小冠疏层形标准树形

距离的,按正常树形修剪方法进行枝条培养。其次,培养缺少的一个主枝。具体方法有 3 种。

(1)在主干位置上寻找前一年已萌发而只长枣吊、未长枝条的芽体,直接进行刻芽处理,促发枝条。

(2)在中心干上选一健壮的二次枝留一节枣股短截,培养枝条。

(3)在中心干上选一个二次枝,从基部疏除,再加上刻芽处理,促发主芽萌发形成枝条。

其他部位的修剪如同"正常树"的修剪。

"一长两短"树在培养缺枝时,应考虑到将来枝条发生的方向、角度、位置等,其发生枝条的部位应有足够空间,且距地面 30～60 厘米之内。

口诀为:"一长两短,刻芽出干"(图 6-16)。

图 6-16 "一长两短"特殊树形的修剪

3."一长一短"树的修剪

"一长一短"树即只有两个枝条,其中一枝为中心干,另一枝为三大主枝中的一个主枝,还缺两个主枝,其修剪方法如下。

①对已有的两个枝条延长头进行短截,继续扩冠,若达到培养侧枝以及第二层主枝距离的,按照上述几种处理方法进行。

②对缺枝条的部位,采取刻芽、短截的方法来培养。具体方法是:首先在主干上寻找前一年已萌发但未长出枝条的芽体刻芽,培养出一个枝条;其次在中心干上选一个二次枝短截培养另一枝条。

③其他部位修剪如同"正常树"的修剪。

口诀为:"一长一短,刻芽短剪"(图 6-17)。

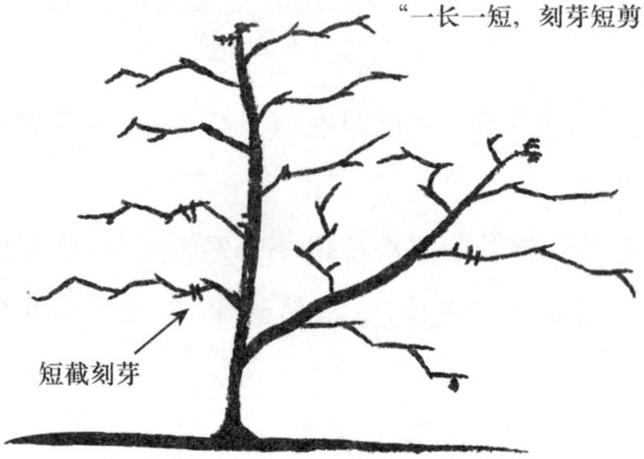

图 6-17 "一长一短"树的修剪

4."有长无短"树的修剪

"有长无短"树即定干后,全树只有一个枝条,需要培养 3 个主枝。在培养 3 个枝条时,应根据树势强弱区别对待。

①生长势比较旺盛,且生长量较大,首先对延长头进行短截。其次再培养另外三大主枝,在距地面 40～60 厘米的部位,选 3 个生长健壮的二次枝留一节枣股短截,促使枣股主芽萌发形成三大主枝。

②生长势较弱的树,采取重新定干的方法,即将距地面 60 厘米左右以上部位剪掉,并清除所有二次枝,利用二次枝基部主芽萌发形成新的枝条,相当于新栽苗的定干。

口诀为:"有长无短,连剪三剪或重新定干"(图 6-18)。

图 6-18　"有长无短"树的修剪

5."无长无短"树的修剪

"无长无短"树即栽植当年芽体萌发后，只长有枣吊，而没有抽生枝条，或只长出极短的枝条。此种树的修剪方法是：不做任何处理，即甩放。若树体上部有枯死的，则需剪掉枯死部分。

口诀为："无长无短，甩放不剪"(图 6-19)。

图 6-19　"无长无短"树的修剪

以上 5 种情况树的小冠疏层形修剪见示意图，一般修剪程序为：①看树形，分清中心干、主枝。②培养缺枝，用口诀套。③主枝以及中心干短截。④40～50 厘米培养侧枝(选一生长健壮的二次枝，保留 1～2 节短截)。⑤培养第二层主枝(距第一层 80～100 厘米，选两个健壮的二次枝保留 1～2 节短截)。⑥剪掉干枯枝、细弱枝、木质化枣吊等。⑦二次枝于 6～8 节处剪掉先端细弱部分。

以上5种树的修剪方法，基本概括了栽植后第一、二年的整形修剪（春剪）。生产上应注意将整形修剪常用的方法综合运用，做到因枝修剪、随树造形、长远规划、全面安排、以轻为主、轻重结合，从而达到树势均衡、主从分明的“三稀、三密”标准，即上稀下密、外稀内密、大枝稀、小枝密的树冠。切忌盲目修剪。另外，还应认识到枣树的修剪不仅是春剪，而是将一系列的修剪方法应用于整个生长周期，其中夏季修剪也是一项重要内容。

第七章

新疆枣树主要病虫害防治

第一节　枣树病虫害的综合防治方法

病虫害综合防治必须坚持“预防为主，科学防控，依法治理，促进健康”的防治方针，其中预防摆在第一位。在实际生产中可以使用农业、生物、物理、化学等方法来防治病虫害，使病虫害的防治达到可控防治范围，创造不利于害虫发生及为害而利于枣树生长的环境条件，科学控制病虫的为害，走可持续发展道路，生产出安全优质的枣果，即达到生产目的。生产中常用到的几种防治方法介绍如下。

一、农业防治

农业防治是利用生产中的各种栽培管理措施来消灭、避免或减轻病虫害发生，创造有利于枣树生长发育，而不利于病虫害发生发展的环境条件。农业防治是安全、有效、经济的防治方法。

(1)培育无病虫害苗木　有些病虫害是随苗木、接穗、插条、根系、种子等繁殖材料而传播的，如枣疯病主要通过嫁接和根蘖、叶蝉传播。因此，使用无病虫害苗木和接穗就显得十分重要。尤其在新建枣园时，要把培育无病虫害苗木放在重要的位置上，以免留有后患。

(2)合理施肥　增施有机肥，尽量少施化肥。

(3)秋翻冬灌　秋、冬季节将枣行或树盘的土壤深翻，以便冻死部分在地下越冬的害虫及病原，减少初侵染来源。

(4)合理间作　严禁间作高秆作物如玉米，因间作高秆作物时通风透光差，湿度大，有利于病虫害的发生。

(5)刮树皮　早春用刮皮刀刮去老翘皮、病皮、虫蛀皮，并收集烧毁，可减少害虫越冬的基数。刮皮深度以露红不露白为宜。

(6)合理修剪　结合修剪，剪除病虫枝、枯死枝，并将枯枝、落叶、病枝、虫果及杂草等集中烧毁，以减少越冬害虫的初侵染来源。同时对修剪口、伤口、嫁接口、开甲口等处涂药保护，以免蛀干害虫的产卵为害。

(7)人工捕虫　对于蛀干害虫要进行人工捕捉。

二、生物防治

生物防治是利用有益生物及其代谢物质来防治病虫害的方法，包括以虫治虫、以菌治虫、以菌治虫、以昆虫激素治虫、以鸟治虫、以禽治虫等。生物防治不仅可以改变生物种群组成成分，而且可以直接消除病虫害，对人、畜、植物也比较安全，且不伤害天敌，不污染环境，不会引起害虫的再猖獗和产生抗性，对一些病虫害有长期的控制作用。但是，生物防治也存在着一些局限性，不能完全代替其他防治方法，必须与其他防治方法有机结合。

(1)利用天敌　枣园害虫的天敌种类非常丰富，如蜻蜓、螳螂、草蛉、瓢虫、蜘蛛、食蚜蝇、蚁、捕食螨、寄生蜂和寄生蝇等。利用天敌时要注意保护天敌，避免大面积喷洒农药。

(2)利用微生物及其代谢产物、生物制剂　利用病原微生物如苏云金杆菌及刺蛾颗粒体病毒防治病虫害，对人、畜、作物和水生动物安全，无残毒，不污染环境。微生物农药制剂使用方便，并能与化学农药混合使用。此外，常用的生物制剂还有阿维菌素、印楝素、苦参碱等。

(3)利用昆虫信息素　利用性诱剂进行蠹蛾、食心虫等果树害虫发生期预测，不但可以决定喷药日期，还可进行害虫防治，实施大量集中诱杀。

(4)保护鸟类。

三、物理防治

物理防治即利用物理因素如光、电、辐射、热、湿及机械措施来防治病虫害，以达到防治病虫害的目的。

1. 机械阻隔法

人为设置各种障碍，切断害虫的侵害途径，直接加以消灭。

(1)毒环法　在树干的下部，刮去老、翘树皮并涂上黏虫胶或其他杀虫剂，防止害虫上树为害。

(2)障碍法　在树干基部堆土或铺膜，以阻止羽化害虫出土，如在树干周围铺膜可以阻止枣瘿蚊等害虫成虫的羽化出土。

2. 诱杀法

利用害虫的趋性设置诱虫器或诱物诱杀害虫。

(1)灯光诱杀　以频振式杀虫灯诱杀趋光性害虫，如地老虎、刺蛾、棉铃虫、枣瘿蚊等枣树害虫。

(2)糖醋液诱杀　如用红糖：醋：酒：水＝6：20：3：80，配成溶液可以有效诱杀香梨优斑螟等枣树害虫。

(3)潜所物诱杀　秋季在树干捆绑缚布或废报纸，引诱红蜘蛛等害虫聚居越冬，开春在害虫出蛰前采取集中烧毁等方法消灭枣树害虫。

(4)色板诱杀　在枣园悬挂黄板可以诱杀大量的枣瘿蚊成虫。

四、化学防治

化学防治是利用天然出产的或人工合成的物质来消除病虫害的方法。化学防治要科学用药，要尽量选用矿物源农药和生物农药，并保证喷药质量，尽量减少喷药次数，不可连续喷施同一种药剂，防止产生抗性。为增加药剂的附着力，可使用洗衣粉、吐温等作助剂。坚持统防统治。

(1)4 月 5—15 日在枣树萌芽期喷施 5～6 °Bé 的石硫合剂。庭院和大田枣树病虫害统一防治，萌芽前完成，宜迟不宜早。石硫合剂是一种常用杀虫、杀菌剂，属强碱性农药。在果树萌芽前喷施到果树枝干上，具有良好的杀虫灭菌效果。南疆枣树在 4 月 5 日前后，枣树萌芽前一周对全树喷布石硫合剂，主要用于防治红蜘蛛介壳虫、木虱、蚜虫、叶斑病、炭疽病、白粉病等。

(2)4 月下旬至 5 月上旬用"阿维菌素＋吡虫啉""达螨灵＋吡虫啉"等统一防治枣瘿蚊(一代)、红蜘蛛(一代)及棉蓟马。人工抹除介壳虫，对发生密集的虫枝应剪除做焚烧处理。

(3)5 月底 6 月初用"速扑杀＋敌杀死＋速蚧克＋乐斯本"、氯氰菊酯、灭扫利、杀灭菊酯等，统一防治枣瘿蚊(第二代)、红蜘蛛(第三、第四代)、介壳虫(第二代)。

(4)11 月上旬于果树落叶时统一喷施石硫合剂 1 次。

第二节　枣树主要虫害的防治方法

一、枣瘿蚊

分布于各个枣产区。幼虫主要为害叶片，成虫主要为害嫩叶、花蕾和幼果。幼叶受害后，叶缘卷曲，不能正常展开，呈筒状，叶尖呈紫红色，变硬发脆；花蕾受害后，不能正常开放，逐渐枯黄脱落(图 7-1 至图 7-3)。

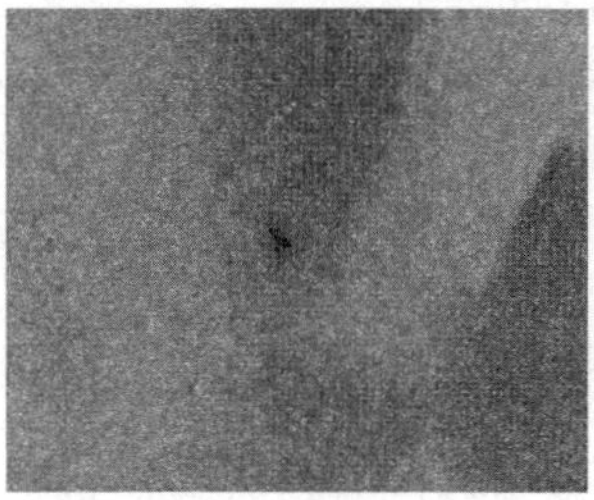

图 7-1　枣瘿蚊成虫

图 7-2　枣瘿蚊幼虫

图 7-3　新梢幼嫩叶片被为害

枣瘿蚊在南疆枣园 1 年发生 4～5 代，以最后一代老熟幼虫在浅土层中做茧或化蛹越冬，茧、蛹多集中在浅土层中和草根处、腐烂有机质处，少数在杂草、落叶和树皮内越冬。

防治方法：

(1)秋末冬初或早春，深翻枣园，把老熟幼虫和蛹翻到深层，阻止其正常羽化出土。

(2)生长季(5—7 月)对局部枣瘿蚊发生重的地块可人工摘除受害叶片并集中烧毁。

(3)5 月下旬果园灌水可杀死大量第二代幼虫、蛹。

(4)黄板诱杀成虫。

(5)药物防治　地面喷药选用的药剂为 48%乐斯本乳油 2 000 倍液。在枣树萌芽而尚未展叶,越冬幼虫出现期,树冠喷药防治幼虫,可用 10%吡虫啉乳油 3 000 倍液、48%乐斯本乳油 2 000 倍液、2.5%溴氰菊酯 1 200 倍液,每隔 7～10 天喷 1 次,连喷 2～3 次。

二、害螨(红蜘蛛)

成螨或老螨为害叶片、花蕾。成螨越冬后,首先上芽为害,使嫩叶和花瓣不易开放和舒展。叶片张开后,由于红蜘蛛的为害,嫩叶皱缩、扭曲,老叶出现黄白斑点,继而变成灰白或枯黄,大量早落(图 7-4、图 7-5)。

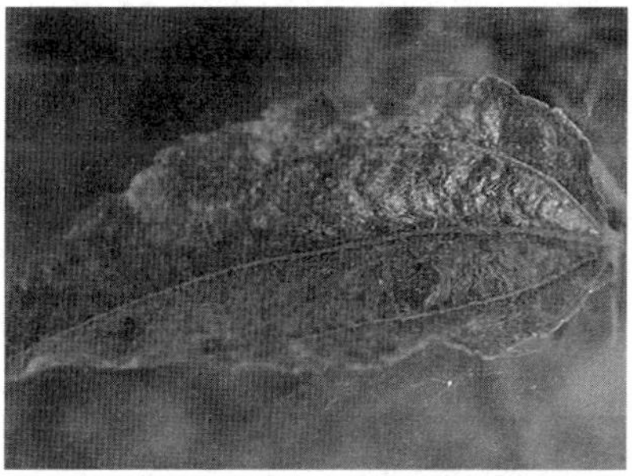

图 7-4　枣树叶片被红蜘蛛为害状

图 7-5　红蜘蛛为害后,枣树叶片失绿

5月上中旬大部分红蜘蛛进入第一代卵孵化高峰，世代相对整齐。其活动温度为25～35 ℃，适宜湿度为35%～55%。

防治方法：

(1)秋季螨类越冬前在树干上捆绑废报纸、破麻袋等，引诱越冬成螨，于翌年2月下旬解下包扎物，集中烧毁。

图 7-6　黏胶环上有大量红蜘蛛

(2)果树萌芽前，清理树干，刮除老皮并涂石硫合剂原液，可以消除一部分越冬成螨或卵。

(3)利用黏虫胶杀螨。螨类上树、下树前涂黏虫胶(图 7-6)。

(4)保护利用深点食螨瓢虫和释放捕食螨防治害螨。

(5)枣树落叶或萌芽前，整株喷洒5 °Bé石硫合剂，可兼治蚜、蚧等害虫。

(6)5月上中旬采用1.8%阿维菌素1 000～1 500倍液、24%螨危500倍液、5%尼索朗2 000倍液、20%哒螨灵2 000倍液、1.2%苦·烟乳油1 000倍液、20%扫螨净乳油1 500～2 000倍液、48%乐斯本2 000～3 000倍液化学喷雾。根据螨虫密度情况，可间隔15～30天再重复防治1次。

三、枣大球蚧

新疆南北疆均有分布。主要为害红枣、酸枣、核桃、桃、杏、梨、苹果、李、沙枣、葡萄、石榴、无花果等40多种树。寄主树木受害后，轻者影响树木发芽抽梢，使树势衰弱，重者形成干枝枯梢，甚至整株枯死，使果品产量严重下降。

此虫1年1代，以2龄若虫在寄主树木1～3年生枝条上越冬。翌年3月下旬至4月上旬，越冬若虫开始吸取枝条汁液为害。6月中旬卵开始孵化，初孵若虫开始从介壳下逐渐爬出，沿寄主枝条爬到叶背面为害，以叶脉两侧和嫩梢、枝条下方虫数较多，是一年为害的第二时期，但较成蚧为害轻微。后渐发育成2龄若虫，在9月底10月初开始在寄主落叶前自动转移到枝条上固定下来，并在此处越冬(图 7-7 至图 7-9)。

图 7-7　枣大球蚧

图 7-8　枣大球蚧为害枝条

图 7-9　枣大球蚧为害叶片

防治方法：

(1)结合果树冬季修剪，剪除虫口密度大的枝条并做好清园。

(2)春季树干涂胶阻止枣大球蚧上树为害，可达到保护果树的目的。

(3)在果树落叶后至发芽前，人工去除枝条上的越冬蚧虫。

(4)早春树体萌芽前，喷洒 5 °Bé 石硫合剂；也可用 10%吡虫啉乳油 10 倍液涂干处理。

(5)初孵若虫期防治　结合预测预报，6 月初在卵孵化盛期，在若虫出壳后至固定前开始喷洒。常用的药剂有 10%吡虫啉乳油 1 500～2 500 倍液、5%蚧螨灵乳油 1 500～2 000 倍液、0.9%爱福丁乳油 4 000～6 000 倍液、48%乐斯本乳油 1 000 倍液、0.5%印楝素乳油 2 000～3 000 倍液。

(6)药剂防治　采用喷药、涂干、注射等施药方式。春冬季喷施 3～5 °Bé 石硫合剂、夏季喷施 0.3～0.5 °Bé 石硫合剂或 8～10 倍松脂合剂。在初孵若虫发生盛期，使用化学农药喷洒树冠 1～3 次。

四、香梨优斑螟

香梨优斑螟南北疆均有发生。除为害梨外，还为害枣树、杏等多种树木。

其幼虫蛀食香梨等树木的主干、主枝的韧皮部，在韧皮部与木质部之间蛀成不规则的隧道，影响寄主的生长，严重时造成死枝。蛀孔外常堆积褐色颗粒状粪便，较易识别。幼虫还为害果实，往往与梨小食心虫和苹果蠹蛾混合为害梨和苹果，致使虫果率上升，果品品质下降。该虫还可导致腐烂病菌的侵入，致使树体衰弱，甚至死亡。

1 年发生 3 代，以老熟幼虫在树干的翘皮、裂缝、树洞中结灰白色长形薄茧越冬，也有的在为害蛀食处或苹果、梨的果实内越冬。越冬代幼虫翌年 4 月上中旬为化蛹盛期，第一、第二代成虫羽化高峰分别在 6 月上中旬和 7 月中下旬。10 月幼虫逐渐进入越冬状态。幼虫蜕皮 4 次，共 5 龄，幼虫历时 25～40 天。

防治方法：

(1)人工防治　摘除树上虫果，及时捡拾落果后深埋；果树落叶后刮除被害枣树的老树皮、虫粪，集中烧毁并对树干进行全面涂白。

(2)糖醋诱杀成虫　羽化初期用糖醋液(红糖：醋：酒：水＝6：20：3：80)诱杀成虫，每亩 8 瓶，诱集瓶高度为离地面 1.5 米，每 500 米 1 罐头瓶或矿泉水瓶，时间从 4 月初至 9 月底。在成虫高峰期增加糖醋液摆放密度，可诱杀大量成虫。

(3)在剪口、嫁接口和环割处涂内吸性杀虫剂 10％吡虫啉 200 倍液。

(4)药剂涂抹蛀孔毒杀幼虫　采用 5％来福灵乳油 1 000 倍液分别涂抹枝干上的蛀孔，然后用塑料薄膜包扎。5 月上旬为第一代幼虫为害期，6 月下旬至 7 月中旬为第二代和第三代幼虫为害期，可在树干涂抹 48％乐斯本乳油 400 倍液或功夫乳油等杀虫剂。

五、棉铃虫

棉铃虫又名钻心虫。以幼虫为害枣果果核，常将一棵树多个枣吊上的幼果果核吃掉，将幼果钻蛀成大孔，引起枣果脱落，严重影响红枣产量。

一年中为害大致有 3 个历期:6 月下旬至 7 月上旬，7 月下旬至 8 月上旬，8 月下旬至 9 月中旬。

防治方法：

(1)农业防治　①实行秋耕冬灌，压低棉铃虫越冬基数。②种植玉米诱集带。③喷磷驱蛾,减少产卵。产卵盛期在棉田喷洒2%过磷酸钙浸出液,具有驱蛾产卵,减轻为害的作用。

(2)诱杀成虫　在成虫发生期,可用杨枝把、灯光诱杀成虫。

(3)化学防治　采用常用的符合要求的农药进行防治。

(4)生物防治　新疆自己研制的“新棉安”每克含病毒多角体20亿个,每公顷使用600克,加水600～750千克喷洒,防治棉铃虫效果很好,且不伤害天敌;还可用伏虫隆、氟虫脲、卡死克和抑太保等防治。

第三节　枣树主要病害的防治方法

一、枣缩果病

缩果病又称“束腰病”,枣区均有分布。该病害造成损失可达30%以上,是北方枣园的一种严重病害。

1. 发病症状

主要侵害果实,其主要症状可分为5个时期,即晕环、水渍、着色、萎缩、脱落。果实受害后,多在腰部出现晕环,继而出现淡黄色水渍状斑块,随后病斑变为暗红色,无光泽。病果则逐渐干缩凹陷,果皮皱缩,故称缩果病。果柄受害后呈暗黄色,提前形成离层,故枣果未熟即先脱落,不但影响红枣品质,而且影响产量。8月在枣果梗洼变红时,果面出现晕环,病斑处提前出现红色,无光泽,果肉病斑区出现由外向内的黄褐色斑,组织脱水坏死,黄褐色果肉有苦味,病斑外果皮皱缩,不能食用(图7-10)。

图7-10　枣缩果病症状

2. 发病规律

缩果病的发生与气温、降雨、枣果发育期等因素有关。每年6月下旬至7月下旬，病菌侵染果实，8月上中旬至9月下旬条件适宜时发病至白熟期，着色期是发病高峰。高温高湿，阴雨连绵，适合病菌大流行。

3. 防治方法

(1)加强枣树管理，增施农家肥料，增强树势，提高枣树自身的抗病能力。

(2)及时清除枣园的病果、烂果，以减少侵染源。每年开春将落叶、落果集中深埋或烧毁。

(3)枣树萌芽前喷5 °Bé石硫合剂。

(4)采果前20～30天是防治缩果病的关键期。从7月中下旬开始向枣果喷布600～800倍液多菌灵或可杀得悬浮剂1 000～2 000倍液，均匀喷雾，配合喷施叶面肥。每隔7～10天一次，连喷2～3次。

二、炭疽病

图7-11　枣黑腐病症状

炭疽病别名黑腐病。

1. 发病症状

果实感病初期，在果实上出现褐色斑点，进而斑点不断扩大，呈黑色斑，病斑区果肉由淡绿色转呈褐色，黑色组织坏死，而非感病区正常着色(图7-11)。果实感病后糖低味苦。

2. 发病规律

该病源在果实的潜伏期长，着色期枣园空气相对湿度在90%以上，地面潮湿的环境有利于该病大发生。

3. 防治方法

(1)清扫枣园中的落叶、烂枣，集中烧毁或掩埋，以减少病原菌。

(2)药物防治。自7月下旬至8月中旬可喷布75%百菌清600倍液、80%乙蒜素＋25%丙环唑、50%甲基托布津或多菌灵800倍液等广谱杀菌剂1～2次。

三、枣疯病

枣疯病在我国各枣树栽培地区均有分布，是枣树生产上发生最普遍、为害最严重的传染性检疫病害。枣树一旦发病，翌年就很少结果。发病 3～4 年后即可整株死亡，对生产威胁极大。其防治难度大，具有毁灭性，俗称为枣树的"癌症"(图 7-12、图 7-13)。

图 7-12　枣疯病为害症状

图 7-13　枣疯病为害后，花柄伸长变为枝叶

防治方法：

(1)控制病菌的传播　彻底挖除重病树及其病根和病根蘖，剪除病枝并集中烧掉，创造一个没有枣疯病病源的环境。另外，在繁殖苗木时要发展无病苗木，以防枣疯病的传播。

(2)选用抗病品种和砧木，育苗时接穗和嫁接工具用酒精消毒，培育无病苗木。

(3)防治传媒昆虫，切断其传播途径。由于此病是由刺吸式叶蝉传染的，所以在防治其他害虫时尽量用内吸性杀虫剂防治叶蝉类害虫。

(4)加强肥水管理及树体管理，以增强树势，提高树体的抗病能力。对轻病树落叶前剪去病枝，萌芽前在分枝基部进行环剥，防止病菌原体随树体养分运行。加强肥水管理，增强树势，并用四环素、土霉素(1 000 万单位)等注射或灌根。对 5 年生以上的旺树，应慎施氮肥，多施碱性农家肥(鸡粪或茅粪)，增施磷、钾肥，力求壮树抗病。

第四节　农药使用注意事项和常用农药配制方法

一、化学防治病虫害需要注意的事项

1. 虫害防治时，杀虫剂只需要选择一种即可达到杀虫效果，不要同时选用2～3种杀虫剂使用。可适当选择一种营养叶面肥和杀虫剂同时使用。

2. 由于新疆水质偏弱碱性，可以中和部分酸性农药，而降低药性，故在配置酸性农药时，可在水中先倒入一些醋，调节水的酸碱度后，再按照使用说明浓度倒入农药。不要人为加大农药使用量，造成害虫抗药性增强、环境污染和药剂浪费。

3. 连续灭杀同一种害虫时，第二次用药与第一次用药的药剂不能重复使用。

4. 新疆气候干热，夏季的打药时间要选择12点之前或19点后，药剂中要配比有机溶解助剂。

5. 防治红蜘蛛时药剂要喷打到叶片背面才能起到防治效果。

6. 喷药时，喷药器具雾化状态越细微越好，药液喷量以叶片见湿不淌水为最佳。

7. 禁用劣质乳油农药。

二、ppm浓度含义

ppm就是百万分率或百万分之几，在农药应用中常用于表示喷洒液的浓度。即一百万份喷洒液中含农药成分的份数。现根据国际规定，百万分率已不再使用ppm来表示，而统一用毫克/升或毫克/分米^{3}来表示。

三、石硫合剂药液配比熬制方法

1. 原料配方　石灰∶硫黄∶水＝1∶2∶15。

2. 熬制方法　把水放入铁锅中加热，放入生石灰制成石灰乳，煮至沸腾时，把事先用少量的水调成糊状的硫黄浆徐徐加入石灰水中，边加边搅拌，大火煮沸 45～60 分钟，不断搅拌，药液熬成红褐色，锅底的渣滓呈黄绿色即成。

3. 母液浓度　熬制好的原液冷却后，用波美计进行测量，波美计液面上浮刻度即为母液波美度。

石硫合剂原液配比计算：稀释后波美度石硫合剂的兑水重量＝（母液波美度÷稀释后波美度－1）×母液重量。

例如：用 15 千克 29 波美度石硫合剂母液稀释为 5 波美度，需兑水重量＝（29÷5－1）×15＝72（千克），最终稀释配置成 87 千克 5 波美度的石硫合剂药液。

四、糖醋液的配比

白糖∶醋∶50°白酒∶水＝1∶3∶2∶20，再加适量敌百虫。

五、涂干石灰水的配制

生石灰∶食盐∶水＝5∶1∶15，再加适量面糊或黏土。

六、波尔多液的配比

1％等量式波尔多液：硫酸铜∶生石灰∶水＝1∶1∶100

1％倍量式波尔多液：硫酸铜∶生石灰∶水＝1∶2∶100

第八章

红枣的采收

一、果实的成熟期

通常枣树坐果以后,其果实要经过膨大、变白、点红、片红、全红、糖化、变软、变皱等发育过程。目前,多按果皮颜色和果肉的变化情况,把枣果的成熟大体划分为白熟期、脆熟期和完熟期3个时期。

1. 白熟期

白熟期枣果的果皮褪绿,呈绿白色,后转成乳白色,果实体积不再增加,肉质比较松软,汁少,含糖量低。果皮薄而柔软,煮熟后果皮不易与果肉分离。白熟期枣果适于加工蜜枣。

2. 脆熟期

脆熟期枣果的果皮自梗洼、果肩开始逐渐着色变红,直到全红。果肉含糖量很快增加,质地变脆,汁液增多,风味增强,肉色仍呈绿色或乳白色。果皮增厚,稍硬,煮熟后容易与肉分离。脆熟期枣果适于鲜食和加工醉枣。

3. 完熟期

完熟期的枣果已充分成熟,果肉含糖量不再增加,果柄与果实连接的一端开始转黄而脱落。果肉颜色由绿白转为白色,在近核处呈黄褐色,质地从近核处逐渐向外变软,含水量降低,果皮出现皱缩。完熟期枣果适于制干。

二、枣果的采收期

采收是枣果田间管理的最后一个环节,如果采收不当,不仅影响果实的耐藏性和产品质量,甚至影响翌年的产量。只有适期采收才能最大地发挥出优良品种的优良特性,过分早采或晚采都会严重影响果品的商品质量甚至产量。采收期的制定主要根据枣果的不同用途来满足鲜食、运输和贮藏的需要,依据保证质量,减少损失的原则来确定。枣果的采收期从 9 月中下旬开始一直延续到 10 月中旬。

1. 干枣

制干用的枣果以完熟期采收最佳。这时枣果已充分成熟,营养丰富,含水量少,不仅便于干制、制干率高,而且制成的干枣色泽光亮、果形饱满、富有弹性,品质也最好。'灰枣''赞新'等制干品种的采收时间大致为 10 月 20 日,'骏枣'为 10 月中旬。

2. 鲜枣

鲜枣、醉枣等以脆熟期为采收适期。这时的枣果色泽鲜艳、甘甜微酸、松脆多汁,鲜食品质最好,加工也能获得上等佳品。采收大致时间:'灰枣'为 9 月中下旬至 10 月上旬,'骏枣'为 9 月,'冬枣'为 9 月下旬至 10 月下旬。

如贮藏或长途运输应略早采收,如就近销售应在脆熟期采收。鲜枣的成熟度分为白熟、微红、少半红、半红、大半红、全红 6 个等级。同一品种的枣果(或同一棵树的枣果)成熟期并不一致,为取得更好的经济效益,通常要分期采收,一般采收期分为前期、中期和后期 3 个时期。同一品种,前期采收的果不如后期采收的果耐贮藏。一般长期贮藏,要选择白熟期,微红、少半红或半红果入贮。先采较红较大者,这样既可克服枣果成熟不太一致的缺陷,也可集中营养供应余下的枣果快速生长发育。

三、采收方法

新疆红枣的收获主要依靠人工采收来完成,采收效率较低,采收的成本高,周期也较长,未来急需研究开发适于新疆红枣种植特点的收获机械来实现产业化升级。

(一)人工采收

常用的方法一般有 2 种:一是手摘法,二是震落法。

1. 手摘法

手摘法主要适用于鲜食和贮藏保鲜用的枣。枣的花期很长,结果有早有迟，所以成熟期也有早有迟。要求采收时分批进行采摘，使每次采收的枣果保持一致。鲜食枣的果肉很脆，要求轻摘、轻放、避免挤碰、摔伤，保持果实完整。枣果带有果柄，枣果与果柄间不能有拉伤。不能揪拉枣果，应一只手托住枣果，另一只手用疏果剪从果柄与枣吊连接处将果柄剪断，这样既能避免果与果之间的摩擦，也能保持枣果的完整，否则果柄处的伤口很容易感染病菌，引起鲜枣腐烂。

2. 震落法

震落法主要适用于制干枣果。即在树下铺塑料布或布单接枣，采用摇树和杆打两种方法，将枣果直接震落至地面再捡拾。但这种方法常损坏大量枝叶，削弱树势。因此，杆打枣果时，木杆应垂直击打大枝，以免打断侧枝和大量击落枣叶。要注意避免重力敲打枣枝干和损伤枣股。

（二）机械采收

新疆地区红枣收获分为鲜枣收获与干枣收获，根据收获对象的不同使用两种不同的收获农艺，拥有两种不同类型的收获机械。鲜枣收获的农艺为机械采摘→收集→清选→装箱，该农艺下的收获机械可称为采收机械。它采用振动原理实现红枣脱落，下方布有伞形装置或收集网收集采摘的红枣，清选后装箱运输。该机型适于树龄较大的枣园，但无法收获提前落地的红枣。干枣收获农艺为自然风干晾晒→打枣→集条→捡拾→除杂→装箱，该农艺让枣果在树上自然成熟，增加糖分的同时可晾晒风干，成熟晾干后的枣果在重力和风力的作用下大部分会脱落至地表，与地表落叶形成枣叶混合物。收获时人工用长杆将枣树上未脱落的枣果击落至地表，人工或机械集条后，用机械或气吸的方式捡拾地面的枣叶混合物，除杂后收集装箱。干枣收获也是目前的主流收获农艺。

新疆红枣的成熟期集中，鲜枣在 9 月底 10 月初收获，干枣在 10 月末采收，收获期与棉花等的收获期叠加，收获时用工量巨大、劳动强度大、雇工难、成本高、效率低，急需适宜的收获机械来降低劳动强度和成本。

1. 红枣采收机

红枣采收机收获目标为鲜枣，主要利用振动原理实现红枣脱落，一般通过给予枣树树干或枣树树枝固定频率的振动来强迫枣树振动，使红枣果实受到的惯性力大于果实与果枝的结合力，从而实现红枣脱落。脱落后的鲜枣由下方伞形装置或收集网收集。该机型 1～2 人即可操作,作业效率高,可极大地降低人工劳动强度。

2. 红枣捡拾机

红枣捡拾机的收获目标是干枣,主要通过机械或气力(气吸、气吹)的方式捡拾地面的枣叶混合物,可分为机械式红枣捡拾机和气力式红枣捡拾机(图 8-1)两种。机械式通过刷子或梳齿等直接接触手段强迫枣叶混合物位移,完成捡拾作业,在捡拾完毕向后输送的同时进行清选,清选完毕后装箱。气力(气吸、气吹)式是通过大功率风机产生压力差将地表的枣叶混合物吸起(或气吹至输送装置),清选后装箱。部分地区会在捡拾前对枣叶混合物进行处理,一般为人工用耙子将枣果聚拢成堆或借助消防风机等将枣叶分离后聚集成 1 米宽的带状,处理后可极大地提升捡拾机的工作效率。

图 8-1　气力式矮密栽培红枣捡拾机

[引自张学军等．气力式矮密栽培红枣捡拾机研制．农业工程学报,2019,35(12)]

新疆地区的红枣机械化收获技术目前仍未成熟,采收机采收鲜枣和捡拾机捡拾干枣两种不同收获方式相比较,采收机效率高,但对枣枝枣果损伤大,无法采收落地红枣;捡拾机捡拾干净,但效率低、功耗大,不适于大规模红枣收获作业,两种机型均不能使农户满意,因此还需要从优化种植模式、开发低损高效收获机械、提高智能化程度等方面开展红枣机械化收获装置的研究。

第九章

红枣管理的经验措施

第一节　红枣越冬防寒技术

一、冻害发生与危害

近年来，因冬季气候变化的影响，红枣幼树冻害不断发生。实践表明，冬季－24 ℃以下低温持续 7 天以上，或－26 ℃以下低温持续 24 小时以上，新疆成龄枣树就有可能遭受冻害。定植 1 年的幼树在－23 ℃以下持续 2～3 天，可能会出现冻伤。如 2008 年 1 月，阿克苏地区出现持续降雪、强降温天气，极端最低气温达－27 ℃，并持续 7 天，是有历史记载以来的最低气温，给果树越冬造成极大的影响，冻害非常严重(图 9-1)。

红枣幼树受冻害多发生在地面以上 10～15 厘米的根颈部位，轻度冻害时，红枣幼树根颈韧皮部轻微变褐，少部分枝条变色失绿变细，重度冻害时根颈韧皮部、形成层和髓部变成黑褐色，树干发生冻裂，有的整株死亡。

嫁接苗木受冻多发生在接口以上 1～4 厘米处。轻度冻害时，根颈韧皮部轻微变褐，或枝干变色失绿变细，嫁接部位以上有萌发能力的芽受冻；重度冻害根颈韧皮部、形成层和髓部变成黑褐色，或大部分枝干变色失绿变细，或嫁接部位变褐，西南方向树皮发生纵裂，树皮易脱落，有的整株死亡。

大树受冻，当年新生枝条受害重，冻害严重时，老枝也受冻，受害部位皮层由褐色变为黑褐色而枯死(图 9-1)。

图 9-1 红枣冻害

(引自:鞠利,张兵.阿克苏红枣生产应用新技术.北京:中国农业出版社,2011)

二、冻害原因

冻害是一种生理性病害,没有传染性,但冻害的伤痕常常给腐烂病菌提供侵入的门户,导致腐烂病的大发生,严重者造成整株死亡。影响冻害的因素大致有 2 种。

(一)气象因素

1. 气温的突变

如阿克苏地区 2006 年 10—11 月平均气温比 2005 年高,10 月平均气温为 12.6 ℃,11 月平均气温为 3.6 ℃,枣树没有正常进入休眠状态,11 月 30 日突然气温降到最低－14.9 ℃,造成枣树枝器官、组织冻死。

2. 持续低温

持续低温是产生冻害的主要原因。普降大雪时,田间积雪可达 10 厘米以上,而且降雪前后气温较高,日最高气温达 0 ℃以上,降雪融化,雪水在树上积聚,使枣树树干吸水。同时,由于树体温度较高,树干周围降雪融化,使树干基部出现空隙,此时气温骤降,树干细胞内部结冰,如这种低温持续时间长,则细胞内的冰晶不断增大,最终使细胞原生质脱水凝固,细胞死亡。

(二)枣树生长状况

幼龄枣树由于树皮薄,抗冻能力差,因而冻害严重;当年新栽植未发芽的苗木,一般发新根的很少,苗木树干营养贮存少,失水严重,在持续低温下,细胞组织内部结冰,使细胞死亡,冻害严重。机械损伤、被牲畜啃伤、管理粗放、苗木生长势弱、地势低洼、盐碱严重地块受冻害重。

三、幼龄枣树越冬防寒技术措施

为尽可能地减少冻害的损失,近年来,南疆各地区采取了一系列综合防冻减灾技术措施,取得了较好效果。现将综合防冻减灾措施介绍如下。

(1)营造防护林　要求枣园四周具有防护林,以减弱气温变化对果树造成的影响。

(2)控制产量,合理负载　产量过高,消耗大量的营养物质,减少了树体的营养贮备,不利于枣树安全越冬。

为保证树体有足够的营养积累和较强的树势,实现连年丰产,必须做到合理负载,防止树体营养消耗过度,树势衰弱。

(3)控水控肥　在 8 月底严格执行停肥停水的规定,以控制枣树的生长势,抑制树体生长。可叶面喷施磷酸二氢钾 2～3 次,促使枝条木质化,提高抗寒能力,这对枣树顺利越冬,防止枝条受冻抽干非常重要。

(4)及时修剪　夏、秋季枣头枝及时摘心,促使新梢木质化。

(5)秋季深翻除草　既可改善土壤结构,防止土壤板结,利于根系生长,又可翻出土层内的害虫,使之冻死。深翻的时间在 10 月中下旬,翻土深度以 25～30 厘米为宜。深翻的同时,除去枣园的杂草,以破坏害虫越冬场所。

(6)树干涂白　树干涂白可以防虫防病,减轻冻害。当气温降至 0 ℃时,在主干离地面约 0.5 米处涂白。在骨干枝及分杈处也可进行涂白。涂白料的配制方法是:生石灰 10 千克(23.8%)、水 30 千克(71.4%)、食盐 1 千克(2.4%),辅助石硫合剂原液、植物油或动物油 1 千克(2.4%)。

(7)药物防治　入冬前树干喷施防冻剂,可用 5～10 倍的防冻剂或保水剂,也可用 20～30 倍的防冻剂或保水剂进行喷洒,还可在 8 月喷果树促控剂(PBO)或多效唑(PP333),连续 2～3 次,也能达到防冻的效果。

(8)及时秋翻冬灌　要根据当时的气象条件决定灌水时间和灌水量。在越冬前进行冬灌，过早不利于蓄水防冻，过晚气温过低，土壤冻结，水分难下渗，地表冻结后，易造成树皮冻裂。

(9)根颈培土　在浇完秋灌水至土壤封冻前，1～3 年生的红枣幼树嫁接高度低于 25 厘米，需埋土防冻，根颈培土高度 40 厘米，不少于 30 厘米，要求埋土紧实。但要注意培土时土壤比较湿润就不要封土，以半干半湿为宜。同时要注意春季土壤开始化冻后要及时清除培土，尤其要清除 1 年生枣树的培土，防止埋土造成芽体发霉。

(10)稻草包扎　大冻来临前，用稻草绳缠绕主干、主枝或用稻草、塑料薄膜捆扎包裹主干。

(11)清除积雪　在冬季若发生降雪，应及时清除枝、枝杈上和树盘的积雪，防止昼夜气温剧变和冰雪消融使枝干发生冻害。

(12)熏烟增温　熏烟宜在寒冷、气温接近果树忍耐临界温度值时使用，温度已远低过果树临界低温值时不宜采用本办法。熏烟材料以锯末、碎柴草为好。如阿克苏地区一般宜在 5:00～7:00 点燃，以暗火浓烟为宜。生产实践表明，熏烟法可提高气温 3～4 ℃。

四、红枣冻害后的防治技术

(1)对受冻害的枣树及时开展早春灌水。

(2)对已经冻裂的树干进行涂白和包扎，其目的是保护受伤部位以下、嫁接部位以上的隐芽，以便春季隐芽能正常萌发。

(3)加强肥水管理　进入 4 月中旬枣树根系开始活动后及时浇 1 次水，合墒后及时铺膜提高地温，使根系恢复吸收能力，促发新根生成。5 月上旬开始，进行 2～3 次以氮肥为主的追肥，每隔 20～25 天追施 1 次。4 年以上的大树每株每次 0.3～0.5 千克，1～3 年的小树每株每次 0.2 千克，施肥后及时浇水。

冻害发生较严重的植株，停止施用芽前肥，待新芽萌发抽梢后施肥，薄肥勤施，以施氮肥为主。在新叶展开后(4 月底)，用 0.2%～0.5%尿素、0.2%～0.3%磷酸二氢钾混合液进行数次叶面追肥。

(4)掌握好树体的负载量　对于因受冻害而树势衰弱的枣树应严格疏花疏

果，以恢复树势为主。

(5)适时修剪及对伤口、剪口进行保护　开春后对主干受冻但冻伤部位以下、根颈以上仍完好的枣树，可在受伤部位下面紧靠受伤部位的地方进行截干，以刺激主干隐芽萌发，利用原有根系重新培养地上部分。对树冠中个别受冻严重的大枝可用回缩的方法重新培养。若整株冻死则应进行补栽。

需要注意的是，枝干受冻后反应较慢，在未能确认受冻之前不能大截大锯，要到春季萌芽展叶，能够确认受冻后再行修剪。

(6)腐烂病防治　受冻后树体衰弱，受冻枝干极易发生腐烂病。早春一经发现要及时刮治病斑，保护伤口。病疤处刮成菱形，刮口应光滑、平整，病疤刮除范围应超出变色坏死组织1厘米。刮下的病屑集中烧毁。

第二节　红枣裂果的防治

1. 裂果的原因

裂果是枣生产中存在的严重问题之一，特别是在国内其他枣产区尤为严重。在国内其他枣产区一般年份裂果率可达15%左右，成熟期多雨的年份则可高达50%～80%。易裂果品种一般年份裂果率在50%～70%，严重年份达95%以上。在新疆地区，裂果发生要轻得多。如阿克苏地区由于干燥少雨，因雨水天气发生枣裂果的情况较少，但也会因管理不善，或遇雨产生裂果，给生产造成重大损失。裂果多集中在果实白熟期至脆熟期，进入完熟期渐缓。白熟期以前基本不裂果，进入白熟期后，如遇干旱，在高温和高蒸腾情况下，果实失去的水分由于得不到及时补偿，就会引起果皮日灼，这种未能愈合的微小伤口，在遇到下雨、田间湿度过大或夜间凝露的情况下，水分就会通过根系吸收运转或通过日灼伤口渗入，使果肉体积膨胀，当膨胀到一定程度时，果皮就会以日灼伤口为中心发生膨裂(图9-2)。

图9-2　红枣裂果

另外,裂果发生也与部分种植户连年大量施用化肥有关。化肥中的磷酸根离子、硫酸根离子等与土壤中的钙离子结合,形成不溶于水的磷酸钙、硫酸钙等,使土壤中可溶性钙减少,造成缺钙,而缺钙枣果易产生裂果症状。枣裂果部位多在果实向阳面果肩下或果面中上部,表现有横裂、纵裂、碎纹裂 3 种形式。果面开裂后,果肉外露,腐烂变酸,最终失去食用价值。

果实裂果也因品种和成熟期的不同而有所差别。一般果肉弹性大、角质层和果皮薄的品种易裂果;在 9 月初以前成熟的早熟品种和 10 月以后成熟的晚熟品种,以及中熟品种后期花所坐的果极少出现裂果,裂果较为严重的是在 9 月中下旬成熟的中熟品种。

裂果的轻重与阴雨时间长短、枣的成熟度有关,也与品种、枣树生长的立地条件有关。一般大果型品种比小果型品种裂果严重。在相同的管理水平下,'灰枣'比'骏枣'裂果严重。

2. 防止措施

(1)栽植成熟期较早,果皮较厚的抗裂品种。极易裂果品种有'壶瓶枣''金丝小枣''婆枣''骏枣''梨枣'等;易裂品种有'赞皇大枣''圆铃枣''灰枣''相枣'等;中裂品种有'俊枣''晋枣'等。

(2)从幼果期开始结合其他病虫害防治,每隔 15 天喷施一次有机或无机钙肥,如喷施浓度为 0.3%的氯化钙和 0.2%的磷酸二氢钾水溶液,能增加果皮厚度,明显降低裂果率。从果实膨大期开始喷氨基酸钙 800～1 000 倍液也可明显减轻裂果。

(3)易裂果的品种在果实白熟期采收,用其生产枣加工产品。

(4)在果实白熟期内视实际情况及时灌水解决旱情。具体要求是地表 0～40 厘米土层的含水量稳定在 14%以上,若低于 14%,应及时灌水。滴灌或喷灌最好。在果实膨大期,保持土壤湿润,但要防止土壤过湿或过干。

(5)增加枣园植被面积或以秸秆覆地,可改善枣园小气候,增加有机质,培肥土壤,减少裂果。

(6)树下覆盖地膜效果十分明显,成龄结果树覆膜宽度达到树冠边缘(一般在 5 米左右)即基本上能防止裂果发生。覆膜后,注意盖土压膜。

(7)增施有机肥,增强土壤的透水性和保水性,使土壤供水均匀。

(8)合理修剪,使树体枝繁叶茂,果实生长正常,可减少裂果。

(9)完善枣粮间作种植模式。有调查发现,枣粮间作园较集约栽培枣园裂果轻,集约栽培枣园中耕、保墒好,则枣裂果病的发病程度也比较轻。

第三节 农作物药害预防及补救措施

一、农作物药害预防

引起作物药害的原因多种多样,但最根本的原因是人为因素。对施药技术掌握不够,盲目乱用以致错用农药,或随意提高使用剂量或浓度,在不适宜的作物生育期用药,或使用喷过除草剂后未清洗干净的喷雾器喷施杀虫、杀菌剂,都可造成作物药害。因此,防止药害的发生,关键在于科学、正确地掌握农药使用方法。预防药害,要做到以下几点。

(一)新农药要先试验后应用

对没有使用过的农药产品,需做适用性和适应性试验,因为不同地区之间的气候条件、土壤质地、耕作状况、作物品种等各不相同,将影响到农药的使用量,尤其是除草剂,北方和南方的用量相差较大。

(二)严格掌握农药使用技术

(1)选用对口农药。

(2)准确配制农药浓度,称准剂量。

(3)掌握好施药时期

(4)采用恰当的施药方法。

(5)保证施药质量　作物药害与施药质量密切相关,要十分注意提高施药质量。在配置农药时要搅拌均匀,拌毒土时要把农药与土充分混匀后再撒施;喷药时要注意农药溶解均匀后再喷洒,对已产生分层或沉淀的农药不要再用,以免影响药效或产生药害。

(三)做好施药后的避害措施

(1)彻底清洗喷雾器　特别是施用某些除草剂后应彻底清洗喷雾器,以免下次用于防治病虫害时，除草剂的残余对敏感作物产生药害。

（2）妥善处理喷雾余液　施药结束后剩余的药液不可乱倒，以防产生药害。

（3）搞好水浆管理　水田使用除草剂后，要按照药剂的特性做好排灌工作。如施用恶草酮，要防止大水淹苗产生药害，而施用丁草胺后则要求保持适当水层一定时间，这样才能更好地发挥药效和减少药害发生。旱地施用除草剂后，要开好排水沟，特别是盐碱地，更要沟渠配套，排水畅通，达到雨过水干的要求。切不可出现雨后积水现象，以免发生药害。

二、农作物发生药害后可采取的补救措施

在施用农药后应经常查看作物生长情况，特别是对施用除草剂和植物生长调节剂的田块，更要仔细检查，以便及早发现药害，及早采取应急补救措施。常用的药害补救措施有以下几种。

（一）农药药害补救

（1）喷水淋洗　如属喷洒叶面和植株后引起的药害，且及时发现可迅速用大量清水喷洒受害叶面，反复喷洒 2～3 次，并增施磷、钾肥，中耕松土，促进根系发育，以增强作物的恢复能力。

（2）施肥补救　对发生叶面药斑、叶缘焦枯或植株黄化等症状的药害，可增施肥料，或使用磷酸二氢钾、叶面宝等优质微肥进行叶面喷肥，以促进植株恢复生长，减轻药害程度。

（二）除草剂药害补救

（1）水洗法　内吸性除草剂用量过大造成药害时，应立即喷清水，冲淡作物上未被吸收的药液，减轻残留药物对作物的伤害。除草剂药害多为其中的酸性物质所致，轻微的药害可以用 1％的漂白粉溶液进行叶面喷施。

（2）排灌法　对使用二甲四氯、2，4-D 丁酯等化学除草剂造成的药害，可先用大水串灌，冲淡作物上的药液，后排水晒田，重新灌新水，并结合追氮肥，每亩用尿素 8～10 千克，促进受害部位尽快恢复生理功能。

（3）喷药法　酰胺类除草剂，如乙草胺等造成的药害可以用赤霉素；玉米苗后除草剂，如烟嘧磺隆使用不当造成的药害可以用芸薹素等，可缓解症状，使植物恢复正常。

(4)增肥法　作物发生药害后，要及时施用适量的氮肥和钾肥，可使受害作物增添新叶，恢复正常的生长发育。

总之，作物产生药害之后，要根据农药种类和作物受害程度，采取综合性补救措施，才能更有效地减少危害，但要避免采取加重药害的措施。

第四节　红枣园周年管理手册

红枣园栽培管理的基本要求是“吃饱喝足，晒太阳，治治病，省力气。”“吃饱喝足”就是按照红枣的生长、结果需求，进行施肥浇水；“晒太阳”就是要通过整形修剪，保证行间、株间和树冠内的通风透光；“治治病”就是指落实“以防为主”的病虫害防控技术；“省力气”就是指多使用机械，减少用工。应用以上技术，产量控制在每亩500～600 kg，可提高果品质量，增加农民收入。

本节红枣园周年管理技术以南疆物候期为参考，其他地区可结合实际物候期适当调整。

12月份至翌年2月份工作

(1)学技术　向专家、技术员和身边的种植能手请教学习，掌握整形修剪、水肥管理、促花保果、病虫害防治、枣果采收、分级等技术。

(2)准备农机农资　购置或维修枣园管理必需的开沟施肥机械、叶面喷药(肥)机械、整形修剪工具(修枝剪、手锯、高枝剪等)，购置储备化肥、农药等生产资料。

(3)病虫害防治　结合修剪，将有虫卵的枝条修剪掉。人工摘除枣树枝条上黄刺蛾、介壳虫等害虫的越冬虫茧，集中焚烧掩埋(深度最少30厘米)，降低越冬虫卵数量，减轻病虫害发生。

(4)枣园疏密　根据“不密不疏、密了再疏、宜疏则疏、应疏尽疏”的原则，对已经郁闭的果园，将行间、株间过密的枣树直接伐除，或带土球、不伤根系、截干(50厘米左右)，移栽到枣园缺株的地方，使枣园密度保持在55株/亩左右。对密植园进行疏密，改善果园通风透光条件，提高果品品质。

(5)修剪　清除主干60厘米以下的所有枝条；剪除树冠内膛过密(间距小

于40厘米)的枝条,大的锯口要用油漆或防腐剂封口;对直立的枝条用撑、拉枝的方法开张角度(幅度为50°～60°)。收集剪下的枝条,用枝条粉碎机粉碎后,用于沤制、积造农家肥。

(6)接穗采集贮藏　结合冬季整形修剪,选取品种纯正、枝条健壮、无病虫害的1年生枝,分品种采集接穗、捆绑、挂标签,在冰窖或冷藏库中保湿贮藏。

(7)农家肥积造　购买、收集人粪、牛粪、羊粪等人畜粪便,收集落叶枝条并进行粉碎,选择离果园近的地方,与人畜粪便一起,按照技术要求,积极做好农家肥积造。由于冬季寒冷,粪堆体积要尽量大,使热量不容易散发,以利于发酵。

3月份工作

(1)枣园疏密　继续开展疏密工作,对已经郁闭的果园,将行间、株间过密的枣树直接伐除,或带土球,不伤根系,截干(50厘米左右),移栽到枣园缺株的地方,使枣园密度保持在每亩55株左右,并改善果园通风透光条件。

(2)修剪　清除主干60厘米以下的所有枝条;剪除树冠内膛过密(间距小于40厘米)的枝条,大的锯口要用油漆或防腐剂封口;对直立的枝条用撑、拉枝的方法开张角度(幅度为50°～60°)。收集剪下的枝条,用枝条粉碎机粉碎后,用于沤制、积造农家肥。

(3)病虫害防治　清除枣园内所有的枯枝落叶和杂草,集中销毁,减少红蜘蛛、黑斑病等越冬病源虫源。结合修剪,将有虫卵的枝条修剪掉,人工摘除枣树枝条上黄刺蛾、介壳虫等害虫的越冬虫茧,集中焚烧掩埋(深度最少30厘米),以减少病虫害发生。

(4)喷施石硫合剂　3月下旬至4月上旬,采用机械喷施的方法,枣园全树枝干喷施5°Bé石硫合剂,喷到枣树枝条往下滴水为止,以杀死介壳虫、红蜘蛛、黑斑病的虫卵和病菌。

(5)农家肥积造　购买、收集人粪、牛粪、羊粪等人畜粪便,收集落叶枝条并进行粉碎,选择离果园近的地方,与人畜粪便一起,按照技术要求,积极做好农家肥积造。

4月份工作

(1)施肥灌水　对秋季未施农家肥的枣园,4月1—10日,用开沟机沿枣树种植行树干外围两侧各1～1.5米的地方,挖40～50厘米深,30～40厘米宽的施肥沟。按照300千克/亩的油渣和2 000千克/亩的牛、羊、猪粪,与尿素

(20千克/亩)和磷酸二铵(10千克/亩)均匀撒入沟内,进行埋土填沟,并及时灌水。对秋季已施过农家肥的枣园,用开沟机沿枣树种植行树干外围两侧各1～1.5米的地方,挖20～30厘米深的施肥沟,施尿素(20千克/亩)和磷酸二铵(10千克/亩),均匀撒入沟内,进行埋土填沟,并及时灌水,促进枣树发芽和开花结果。

(2)品种嫁接　对需要品种嫁接的枣树,看到枣树绿芽时,就可进行嫁接。

(3)修剪及撑、拉枝　剪除冬季修剪遗漏的过密枝条。对冬季修剪中拉枝、撑枝不到位的直立枝条,用撑、拉枝的方法开张角度(幅度为50°～60°)。

(4)病虫害防治　做好虫情监测,枣树嫩芽出现卷曲时,及时进行枣瘿蚊防治,采用喷药器械进行全树喷施,以"枝枝不漏,叶叶着药,不流不淌"为度。防治方法:选用48%毒死蜱乳油2 000倍液或10%吡虫啉乳油2 000倍液进行防治(1千克药剂兑入2 000千克水)。

(5)补栽枣树　可用挖掘机、挖坑机等机械挖树坑,树坑施入基肥10厘米厚,再覆土10厘米。将过密枣树带土球挖出,立刻移栽到枣园缺株的树坑中。移栽后及时浇灌透水1次,并根据树盘的大小在树干基部(树干贴近地面的地方)四周覆盖地膜,减少水分蒸发,可提高移栽成活率。

(6)农家肥积造　购买、收集人粪、牛粪、羊粪等人畜粪便,收集落叶枝条并进行粉碎,选择离果园近的地方,与人畜粪便一起,按照技术要求,积极做好农家肥积造。

(7)种植绿肥　土壤化冻后,及时在行间种植油菜绿肥,待油菜敛花时(已完全开花准备出籽时),翻入土壤增加有机质含量。

5月份工作

(1)抹芽、摘心　对没有生长空间的新发嫩枝(新发枣头),保留基部2厘米摘除(注意保留嫩枝基部的枣吊),可避免养分浪费,提高坐果率。对有生长空间的新发枣头枝,生长至出现4～6个二次枝时,摘去顶端1～2个二次枝。

(2)叶面喷肥　当枣吊(开花结果的枝条)生长至10厘米左右时,用机械叶面喷施0.3%尿素(300克尿素兑水100千克),每隔7天左右喷施1次,喷1～2次,以"枝枝不漏,叶叶着药,不流不淌"为度,促进枣吊快速生长。

(3)施肥灌水　枣吊(开花结果的枝条)上开放2～3朵小花时,每亩按氮磷钾1∶1.5∶0.5的比例,追施氮肥6.7千克、磷肥10千克、钾肥3.3千克,共20

千克，追肥后浇透1次水。浇水后1周内，清除枣树行间杂草。

(4)病虫害防治　做好虫情监测，枣树嫩芽出现卷曲时，及时进行枣瘿蚊防治，采用喷药器械进行全树喷施，以“枝枝不漏，叶叶着药，不流不淌”为度。防治方法：选用48%毒死蜱乳油2 000倍液或10%吡虫啉乳油2 000倍液进行防治(1千克药剂兑入2 000千克水)。

(5)沤制农家肥　收割渠边、路边及田间地头野生的苦豆子、杂草、藤蔓作物，收集枝条并进行粉碎，选择离果园近、运输方便的场地，与人畜粪便混一起进行沤制。

6月份工作

(1)抹芽、摘心　对没有生长空间的新发嫩枝(新发枣头)，保留基部2厘米摘除(注意保留嫩枝基部的枣吊)，可避免养分浪费，提高坐果率。对有生长空间的新发枣头枝，生长至出现4～6个二次枝时，摘去顶端1～2个二次枝。

(2)促花保果　6月中旬进入盛花期后，采用机械喷施的方法，在上午10:00前或下午19:00后，叶面喷施0.3%硼酸+0.3%的尿素+0.3%磷酸二氢钾(300克硼酸、300克尿素和300克磷酸二氢钾)+1千克红糖加100千克水混匀，以“枝枝不漏，叶叶着药，不流不淌”为度，5～7天喷1次，连续喷2～3次。为保证开花期间所需的空气湿度，隔天叶面喷施清水1次，可促进坐果和防止落果。

(3)病虫害防治　结合疏枝、抹芽、枣头摘心等工作，摘除遭受枣瘿蚊为害、叶片严重卷曲的嫩梢，远离果园集中深埋，深度30厘米。

(4)沤制农家肥　收割渠边、路边及田间地头野生的苦豆子、杂草、藤蔓作物，收集枝条并进行粉碎，选择离果园近、运输方便的场地，与人畜粪便混一起进行沤制。

(5)绿肥种植、翻压　使用机械将进入敛花期(已完全开花准备出籽时)的油菜绿肥翻压进土壤，培肥地力。翻压后，可种植第二茬绿肥。

7月份工作

(1)抹芽、摘心　对没有生长空间的新发嫩枝(新发枣头)，保留基部2厘米摘除(注意保留嫩枝基部的枣吊)，可避免养分浪费，提高坐果率。对有生长空间的新发枣头枝，生长至出现4～6个二次枝时，摘去顶端1～2个二次枝。

(2)病虫害防治　做好枣园的病虫害监测预报，并根据病虫为害情况进行防治。

①叶螨兼枣瘿蚊防治：选用10%联苯菊酯乳油（即10千克联苯菊酯乳油加水100千克），或新农威（8%螺虫乙酯+32%毒死蜱），即8千克螺虫乙酯和32千克毒死蜱兑水100千克，两种药剂可交替使用，连喷2～3次。

②黄刺蛾防治：选用苏云金杆菌（Bt）可湿性粉剂600倍液（即1千克苏云金杆菌加入600千克的水）或0.3%苦参碱乳油2 000倍液（即1千克含量0.3%苦参碱乳油加入2 000千克的水），两种药剂可交替使用，连喷2～3次。

③桃小食心虫防治：选用35%氯虫苯甲酰胺乳油（即35千克的氯虫苯甲酰胺乳油加入65千克的水）或5%氯虫苯甲酰胺乳油（即5千克氯虫苯甲酰胺乳油加入95千克的水），两种药剂可交替使用，连喷2～3次。

④红枣黑斑病防治：7月上中旬，每隔15天喷药唑醚·代森联1 500倍液（即1千克药剂兑入1 500千克水）或3%多抗霉素200倍液（即1千克含量3%多抗霉素兑入200千克水），两种药剂可交替使用，连喷2～3次。

（3）预防裂果　在幼果膨大期，叶面喷施0.2%氯化钙（200克氯化钙兑入100千克水），喷到枝叶出现滴水为宜。

（4）叶面喷肥　7月中旬前后，叶面喷施0.3%磷酸二氢钾（300克磷酸二氢钾兑入100千克水），每周1次，连喷2～3次，喷到枝叶出现滴水为宜，可促进果实膨大。

（5）浇灌果实膨大水　7月下旬至8月上旬，按1∶1比例，土壤追施硫酸钾和磷酸二铵，每亩施用15～20千克（硫酸钾和磷酸二铵各7.5～10千克）。施肥后及时浇透水1次，促进枣果膨大。浇水后1周内，清除枣树行间杂草。

（6）沤制农家肥　收割渠边、路边及田间地头野生的苦豆子、杂草、藤蔓作物，收集枝条并进行粉碎，选择离果园近、运输方便的场地，与人畜粪便混一起进行沤制。

8月份工作

（1）浇水　正值高温时节，浇跑马水1～2次，增加果园湿度，防止落果。

（2）病虫害防治　做好枣园的病虫害监测预报，当发生叶螨、枣瘿蚊、黄刺蛾、桃小食心虫、红枣黑斑病为害时，及时进行药剂防治，以“枝枝不漏，叶叶着药，不流不淌”为度。

①叶螨兼治枣瘿蚊防治：选用10%联苯菊酯乳油（即10千克联苯菊酯乳油

加入 100 千克水)或新农威(8%螺虫乙酯+32%毒死蜱),即 8 千克螺虫乙酯和 32 千克毒死蜱兑水 100 千克,两种药剂可交替使用,连喷 2～3 次。

②黄刺蛾防治:选用苏云金杆菌(Bt)可湿性粉剂 600 倍液(即 1 千克苏云金杆菌加入 600 千克的水)或 0.3%苦参碱乳油 2 000 倍液(即 1 千克含量 0.3%苦参碱乳油加入 2 000 千克的水),两种药剂可交替使用,连喷 2～3 次。

③桃小食心虫防治:选用 35%氯虫苯甲酰胺乳油(即 35 千克氯虫苯甲酰胺乳油加入 65 千克的水)或 5%氯虫苯甲酰胺乳油(即 5 千克氯虫苯甲酰胺乳油加入 95 千克的水),两种药剂可交替使用,连喷 2～3 次。

④红枣黑斑病防治:每隔 15 天喷药唑醚·代森联 1 500 倍液(即 1 千克药剂兑入 1 500 千克水)或 3%多抗霉素 200 倍液(即 1 千克含量 3%多抗霉素兑入 200 千克水),两种药剂可交替使用,连喷 2～3 次。

(3)预防裂果　8 月中旬前后,叶面喷施 0.2%氯化钙(200 克氯化钙兑水 100 千克)。

(4)沤制农家肥　收割渠边、路边及田间地头野生的苦豆子、杂草、藤蔓作物,收集枝条并进行粉碎,选择离果园近、运输方便的场地,与人畜粪便混一起进行沤制。

(5)绿肥翻压　使用机械将进入敛花期的油菜绿肥翻压进土壤,培肥地力。

9 月份工作

(1)病虫害防治　9 月份雨水较多,易感黑斑病、炭疽病、褐腐病等,易引起裂果,造成品质变劣或严重减产减收。在病虫害防治过程中,要以农业防治、物理防治、生物防治为主,多种防治方法结合,禁止使用化学农药。可采取人工捕捉、摘卵块、摘病叶或采取诱杀的方法杀灭害虫,或利用生物、矿物源农药防治病虫害。

(2)适时中耕　加强红枣园的中耕松土,以保持土壤疏松,通气良好,为根系生长发育创造良好的土壤环境。

(3)沤制农家肥　收割渠边、路边及田间地头野生的苦豆子、杂草、藤蔓作物,收集枝条并进行粉碎,选择离果园近、运输方便的场地,与人畜粪便混一起进行沤制。

10 月份工作

(1)除草清园　清除园内枯枝落叶和杂草,为采收枣果做好准备。

(2)准备采收机械　维修红枣采收机械，并对采收机械使用方法进行培训。

(3)农家肥积造　购买、收集人粪、牛粪、羊粪等人畜粪便，收集落叶枝条并进行粉碎，选择离果园近的地方，与人畜粪便混一起，按照技术要求，积极做好农家肥积造。

11 月份工作

(1)果实采收　11 月上旬采用人工或机械的方法，及时采收枣果，人工挑除病虫烂果和皮皮枣，按品种采收并进行分级，提高商品率，增加果农收入。

(2)清园　人工摘除黄刺蛾虫茧，清除病枯枝、落叶和杂草。

(3)喷施石硫合剂　果实采收后，树体均匀喷施 5°Bé 石硫合剂，喷至枣树枝条滴水。

(4)深翻土壤　深度一般为 30～50 厘米，靠近树干部位翻耕适当浅一些，防止损伤根系。深翻使土粒与根系密切接触，促进根系生长和肥料的吸收利用，并可有效防止病虫越冬。

(5)树干涂白　采收枣果后，用刷子对 1 米以下的树干涂白，减轻果树的日灼和冻害，杀死树皮内的越冬虫卵，防止病菌感染。涂白剂配置方法：用生石灰 5 千克、硫黄 0.5 千克、食用油 0.1 千克、食盐 0.25 千克、水 20 千克，混合搅拌均匀。

(6)秋施有机肥　对 9 月份未施肥的果园，在枣果采收后，施用有机肥，用开沟机沿树冠外围 2/3 处，挖 40～50 厘米深、30～40 厘米宽的施肥沟，按照 300～500 千克/亩的油渣和不少于 2 立方米的有机肥，配施 10 千克磷酸二铵，均匀撒入沟内，埋土填沟，并及时灌水，为来年多结果、结好果积蓄营养。

(7)浇灌冬水　在气温达到晚上微结冰、白天不结冰时，即土壤上冻前 1 周(11 月份)灌透冬水，保证果树安全过冬。

(8)沤制农家肥　收割渠边、路边及田间地头野生的苦豆子、杂草、藤蔓作物，收集枝条并进行粉碎，选择离果园近、运输方便的场地，与人畜粪便混一起进行沤制。

注：根据新疆维吾尔自治区林业和草原局发布的《红枣栽培管理技术明白册》整理。

附　录

生产无公害农产品和 A 级绿色食品禁止使用的农药

一、生产无公害农产品禁止使用的农药（中华人民共和国农业部公告第 199 号）

（一）国家明令禁止使用的农药

六六六、滴滴涕、毒杀芬、二溴氯丙烷、杀虫脒、二溴乙烷、除草醚、艾氏剂、狄氏剂、汞制剂、砷类、铅类、敌枯双、氟乙酰胺、甘氟、毒鼠强、氟乙酸钠、毒鼠硅、甲胺磷、对硫磷、甲基对硫磷、久效磷、磷胺、苯线磷、地虫硫磷、甲基硫环磷、磷化钙、磷化镁、磷化锌、硫线磷、蝇毒磷、治螟磷、特丁硫磷、氯磺隆、胺苯磺隆、甲磺隆、福美胂、福美甲胂、三氯杀螨醇、林丹、硫丹、溴甲烷、氟虫胺、杀扑磷、百草枯、2，4-滴丁酯。

（二）在蔬菜、果树、茶叶、中草药材上不得使用和限制使用的农药

甲胺磷（methamidophos）、甲基对硫磷（parathion-methyl）、对硫磷（parathion）、久效磷（monocrotophos）、磷胺（phosphamidon）、甲拌磷（phorate）、甲基异柳磷（isofenphos-methyl）、特丁硫磷（terbufos）、甲基硫环磷（phosfolanmethyl)、治螟磷(sulfotep)、内吸磷(demeton)、克百威(carbofuran)、涕灭威(aldicarb)、灭线磷(ethoprophos)、硫环磷(phosfolan)、蝇毒磷(coumaphos)、地虫硫磷(fonofos)、氯唑磷(isazofos)、苯线磷(fenamiphos)19 种高毒农药不得用于蔬菜、果树、茶叶、中草药材上。三氯杀螨醇(dicofol)、氰戊菊酯(fenvalerate)不得用于茶树上。

蔬菜、瓜类、水果等作物生产中使用农药应严格执行国家《农药合理使用准则》,根据农药的不同品种,限制使用次数和确定安全间隔期。

二、生产 A 级绿色食品禁止使用的农药

(一)有机氯杀虫剂:滴滴涕、六六六、林丹、甲氧、硫丹。所有作物;高残毒。

(二)有机氯杀螨剂:三氯杀螨醇。蔬菜、果树、茶叶;工业品中含有一定数量的滴滴涕。

(三)有机磷杀虫剂:甲拌磷、乙拌磷、久效磷、对硫磷、甲基对硫磷、甲胺磷、甲基异柳磷、治螟磷、氧化乐果、磷胺、地虫硫磷、灭克磷(益收宝)、水胺硫磷、氧唑磷、硫线磷、杀扑磷、特丁硫磷、克线丹、甲基硫环磷。所有作物;剧毒、高毒。

(四)氨基甲酸酯类杀虫剂:涕灭威、克百威、灭多威、丁硫克百威、丙硫克百威。所有作物;高毒、剧毒或代谢物高毒。

(五)二甲基甲脒类杀虫杀螨剂:杀虫脒。所有作物;慢性毒性、致癌。

(六)拟除虫菊酯类杀虫剂:所有拟除虫菊酯类杀虫剂。水稻及其他水生作物;对水生生物毒性大。

(七)卤代烷类熏蒸杀虫剂:二溴乙烷、环氧乙烷、二溴氯丙烷、溴甲烷。所有作物;致癌、致畸、高毒。

(八)阿维菌素:克螨特。蔬菜、果树;慢性毒性。

(九)有机砷杀菌剂:甲基胂酸锌(稻脚青)、甲基胂酸钙(稻宁)、甲基胂酸铵(田安)、福美甲胂、福美胂。所有作物;高残毒。

(十)有机锡杀菌剂:三苯基醋酸锡(薯瘟锡)、三苯基氯化锡、三苯基羟基锡(毒菌锡)。所有作物;高残留、慢性毒性。

（十一）有机汞杀菌剂：氯化乙基汞（西力生）、醋酸苯汞（赛力散）。所有作物、剧毒、高残留。

（十二）有机磷杀菌剂：稻瘟净、异稻瘟净。水稻；异臭。

（十三）取代苯类杀菌剂：五氯硝基苯、稻瘟醇（五氯苯甲醇）。所有作物；致癌、高残留。

（十四）2,4-D类化合物：除草剂或植物生长调节剂。所有作物；杂质致癌。

（十五）二苯醚类除草剂：除草醚、草枯醚。所有作物；慢性毒性。

（十六）植物生长调节剂：有机合成的植物生长调节剂。所有作物。

（十七）除草剂：各类除草剂，蔬菜生长期（可用于土壤处理与芽前处理）。

参考文献

[1] 郭裕新，单公华. 中国枣. 上海：上海科学技术出版社，2010.

[2] 鞠利，张兵. 阿克苏红枣生产应用技术. 北京：中国农业出版社，2011.

[3] 王立生，钟聪慧，罗进军. 红枣直播建园栽培技术. 五家渠：新疆生产建设兵团出版社，2010.

[4] 张洪，潘青华，张俊民. 北京市林果乡土专家培训系列口袋书. 北京：中国农业大学出版社，2009.

[5] 夏树让，孙培博，欧广良. 优质无公害鲜枣标准化生产新技术. 北京：科学技术文献出版社，2008.

[6] 李根才. 新疆南疆地区枣树密、丰栽培实用技术. 乌鲁木齐：新疆科学技术出版社，2003.

[7] 张一萍. 枣树整形修剪图解. 北京：金盾出版社，2009.

[8] 王雨，侯丽丽，王秀梅，等. 巴州红枣产业发展调研报告. 新疆林业，2022(1)：31-34.

[9] 高清月，刘嘉彬，王志敏，等. 南疆红枣的简化栽培技术. 第八届全国干果生产、科研进展学术研讨会论文集，2022(1)：175-179.

[10] 王磊，张齐武. 新疆红枣产地购销现状及产业发展建议. 新疆林业，2022(3)：18-20.

[11] 王静. 新疆红枣收获机械的研究现状与发展对策. 农业科技与装备，2017(12)：61-63.

[12] 董云成，李斌，刘洋，等. 新疆红枣收获机械的研究现状与发展对策. 新疆农机化，2022(4)：25-29.

[13] 周丽，王长柱，李新岗，等. 新疆现代红枣栽培模式研究. 西北林学院学报，2015，30(2)：139-143.

[14] 杨建华.枣树防裂果技术.山西林业科技,2019,48(2):42-43.

[15] 关一,李甲贵.新疆红枣产业SWOT分析及“走出去”发展战略研究.新疆农业科技,2022(3):21-24.

[16] 苏彩霞,郭凯勋,刘晓红.我国红枣产业的现状、存在问题及对策.果农之友,2020(2):39-41.

[17] 胡芸莎、白宝伟,王伟.新疆红枣产业发展现状与对策建议.新疆农机化,2016(6):21-25.

[18] 黄鹏,肖莉娟,曹亚军,等.阿克苏地区红枣栽培保花保果管理技术.现代农村科技,2020(2):51-52.

[19] 臧帅兵.北疆地区鲜食红枣栽培管理技术.农业科技,2014(11):52-53.

[20] 乔亚玲.红枣矮化密植栽培技术.新疆林业,2017,34(22):36.

[21] 贺燕文.红枣矮化密植栽培技术研究.农业与技术,2017,37(20):107.

[22] 李秀.新疆阿克苏地区红枣矮化密植丰产栽培技术.北京农业,2015(31):48-49.

[23] 肖莉娟,曹亚军,郑强卿.红枣优质高效综合配套栽培技术.农业科技,2019,(10):17-18.

[24] 新疆维吾尔自治区林业和草原局.红枣栽培管理技术明白册.新疆林业,2020.6:14-18.

[25] 张学军,白圣贺,靳伟,等.气力式矮密栽培红枣捡拾机研制.农业工程学报,2019,35(12):1-8.

[26] 任国兰.枣树病虫害防治.北京:金盾出版社,2004.

[27] 时颖,张阿慧.若羌县红枣种植的气候条件分析及高产栽培技术.农民致富之友,2018(11):51.

[28] 王雨,李占林,斯琴.新疆红枣提质增效管理关键技术——落叶果树,2021,53(3):71-72.

[29] 史彦江.新疆红枣高效栽培技术讲座(一).农业科技,2007(1):34-35.

[30] 史彦江.新疆红枣高效栽培技术讲座(二).农业科技,2007(2):36-37.

[31] 史彦江.新疆红枣高效栽培技术讲座(五).农业科技,2007(5):51-52.

[32] 史彦江.新疆红枣高效栽培技术讲座(六).农业科技,2007(6):57-59.

[33] 史彦江.新疆红枣高效栽培技术讲座(七).农业科技,2007(7):57-59.

[34] 史彦江.新疆红枣高效栽培技术讲座(八).农业科技,2007(5):53-54.